Kompetenzen vernetzen, überprüfen, nachweisen und erweitern

Der **Arbeitsanhang** ermöglicht Ihnen genau das, was seine Überschrift verspricht:

Die Seiten **Kompetenzen vernetzen** und **Kompetenzen überprüfen**

- ermöglichen Ihnen einen systematisierten Rückblick auf die Inhalte des Buches,
- liefern Ihnen die wichtigen Fachbegriffe des Buches. Die Begriffe finden Sie im Glossar des Buches definiert. Auf diesem Wege können Sie Ihr **Begriffswissen** wiederholen und festigen,

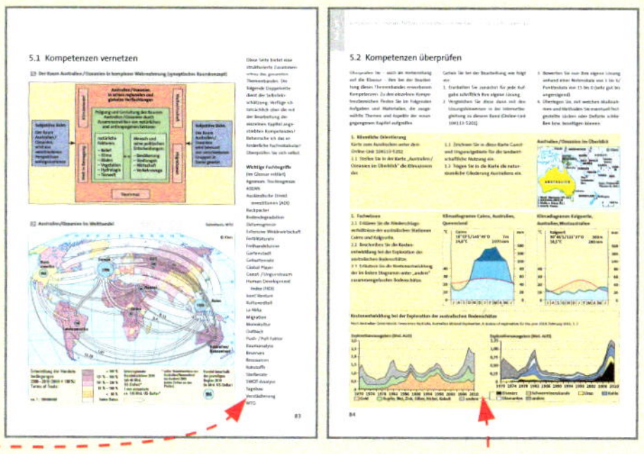

- geben Ihnen Anregungen zur **Selbstüberprüfung** Ihres Arbeitsstandes zu den Kapiteln.

TERRA **KLAUSURTRAINING**

- enthält ein Klausurbeispiel zum Üben und hilft Ihnen, sich auf diese Form des Nachweises Ihres Wissens und Könnens in der Oberstufe besser vorzubereiten,

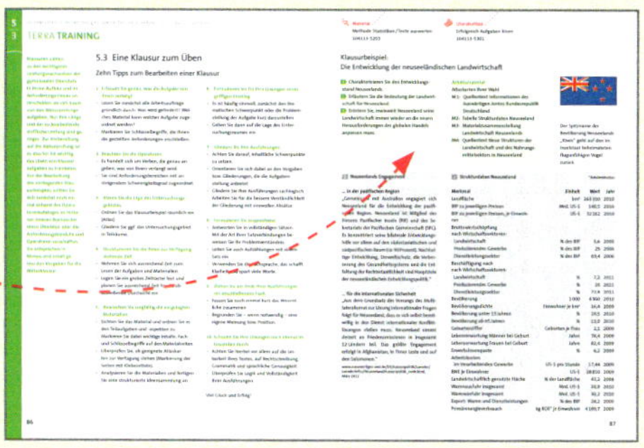

Darüber hinaus

- liefert der Anhang Ihnen zu den Kapiteln Literaturhinweise für vertiefende Studien und Arbeiten,
- beinhaltet er das Glossar mit wichtigen Fachbegriffen,
- ermöglicht er Ihnen, sich Inhalte des Buches über die Seitenangaben zu den Registerbegriffen rückwirkend zu erschließen.

Vernetzt arbeiten

Australien / Ozeanien als Realraum – Wirtschaft Australiens

Der Kolumnentitel auf der linken oberen Buchseite zeigt Ihnen jederzeit, in welchem Kapitel und Teilkapitel Sie gerade arbeiten.

Outback

Fette Begriffe im Text sind im Glossar des Arbeitsanhanges definiert.

Seite 14–55 Australien/Ozeanien als Realraum

Mit dem Verweispfeil in der Randspalte wird auf andere Seiten,

(Tabelle 6)

durch Verweise in Klammern wird in Texten auf Materialien, Aufgaben, ... verwiesen.

Zusatzangebot im Internet

Weitere Materialien, weiterführende Links, Lernangebote und Hilfsmittel zu den Themen der Kapitel dieses Buches finden Sie im Internet, leicht erschließbar mithilfe von Online-Links.

Die Online-Links, z. B. 104113-2307, stehen, den Kapiteln zugeordnet, immer oben auf der rechten Buchseite.

Material
Infoblatt: Ressourcenfluch – West-Papua
104113-2307

Öffnen Sie die Internetseite **www.klett.de/online** und geben Sie den Online-Link im Suchfenster ein.

So gelangen Sie zum jeweiligen Material.

Umschlagbild: Schrägluftbild von Mount Olga, Australien, südwestliches Nordterritorium

1. Auflage 1 5 4 3 2 1 | 16 15 14 13 12

Alle Drucke dieser Auflage sind unverändert und können im Unterricht nebeneinander verwendet werden.
Die letzte Zahl bezeichnet das Jahr des Druckes.

Autoren: Bernd Haberlag, Lahstedt; Dietmar Wagener, Hofgeismar
Redaktion: Klaus-Peter Herr
Herstellung: Birgit Jäkel

Gestaltung: Nathanaël Gourdin & Katy Müller GbR, Leipzig
Umschlaggestaltung: Nathanaël Gourdin & Katy Müller GbR, Leipzig
Illustrationen: Bettina Eckenfelder, Wenigenlupnitz; Rudolf Hungreder, Leinfelden-Echterdingen; Diana Jäckel, Erfurt; Wolfgang Schaar, Stuttgart
Karten: Ernst Klett Verlag GmbH, Abt. Atlas, Gotha (Thomas Hönicke; Henry Waldenburger; Kartografix, Suhl, Dagmar Hengelhaupt)
Satz: satz.zeichen, Diana Jäckel, Erfurt
Reproduktion: Druckmedienzentrum Gotha GmbH, Gotha
Druck: Offizin Andersen Nexö, Leipzig

Printed in Germany
ISBN 978-3-12-104113-8

Australien und Ozeanien

Themenband Oberstufe

TERRA

Bernd Haberlag
Dietmar Wagener

Ernst Klett Verlag
Stuttgart · Leipzig

Inhalt

TERRA **Methode**

1

2

3

Australien / Ozeanien als Beziehungsraum 56

4

Australien / Ozeanien als konstruierter Raum 78

5

Kompetenzen vernetzen, festigen, überprüfen und erweitern 82

TERRA **METHODE**

„In Australien werden Sie die Zeit Ihres Lebens haben! Die Voraussetzungen dafür sind perfekt. Es erwarten Sie ausgezeichnetes Essen und hervorragende Weine, das tiefrote Outback, wo das satte Grün, Purpurtöne und ein endloser blauer Himmel Akzente setzen, pulsierende Metropolen, verführerische, glitzernde Strände, jahrtausende alte Regenwälder, zahlreiche Wege, die es zu entdecken gibt, eine außergewöhnliche Tierwelt und die Kultur der Aborigines, die erklärt, wie alles begann. Australien wartet nur darauf, von Ihnen entdeckt zu werden!“. So heißt es in einer Broschüre unter www.australia.com (.../campaigns/flipbooks/consumer-brochure-DE/, März 2012).

Auch für eine Raumanalyse befassen Sie sich mit der Vielfalt und Einzigartigkeit und schauen genau hin: Sie beobachten dabei aus unterschiedlichen Blickwinkeln und sehen so den Raum umfassend und in neuen Dimensionen.

Australien / Ozeanien – einen fernen Raum problemorientiert analysieren

1 Wahrnehmung Australien/Ozeaniens entsprchend der vier Raumkonzepte

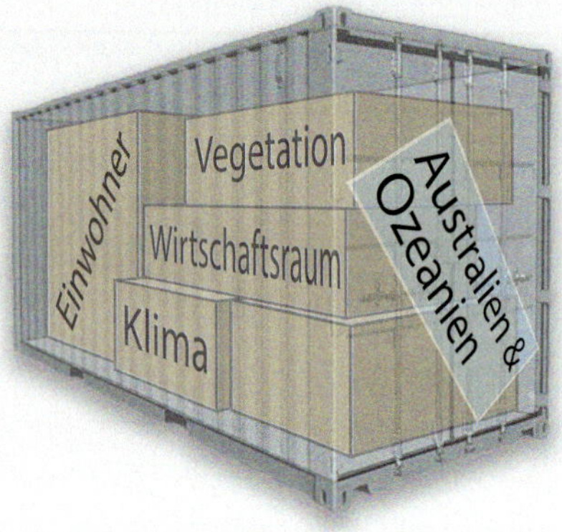

1 „Realraum“

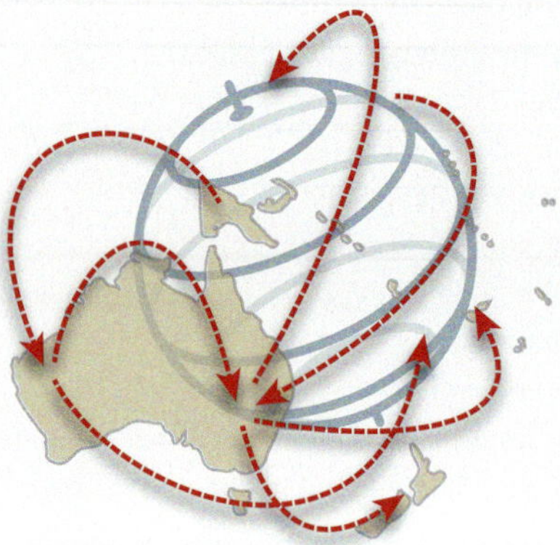

2 „Beziehungsraum“

3 „wahrgenommener Raum“

4 „gemachter Raum“

Kompetenzen erwerben:
- die synoptische und die fragengeleitete Raumanalyse als unterschiedliche Formen zur Analyse eines Raumes vergleichen,
- am Beispiel der synoptische Raumanalyse unterschiedliche Raumkonzepte zur objektiven und subjektiven Beobachtung von Räumen erläutern,
- im Ergebnis der Arbeit mit dem Schülerbuch zu Australien / Ozeanien eine synoptische Raumanalyse zu einer selbst erarbeiteten Leitfrage entlang der vier geographischen Raumkonzepte gestalten und / oder
- mit einer fragengeleiteten Raumanalyse den geographischen Raum Australien / Ozeanien in seinen prägenden natürlichen und gesellschaftlichen Faktoren erfassen, darstellen und mit Blick auf eine Leitfrage bewerten.

Einen Raum unterschiedlich betrachten

2 Beobachtungsansätze

Objektive Beobachtung eines Raumes

Raum im realistischen Sinn

Leitfragen: z. B.
- Wie sieht der Naturraum aus?
- Welches Klima herrscht in Australien / Ozeanien?
- Was prägte den Raum früher, was prägt ihn heute?
- Wer lebt dort und wovon leben die Menschen?
- Welche Bedeutung haben die verschiedenen Wirtschaftssektoren?
- Wie kann der Raum genutzt werden?
- Welche Rolle spielt Australien in der Weltwirtschaft?

→ Australien / Ozeanien wird erfasst:
- Container (Lage, Naturraum, Klima, Relief, Wirtschaft, Bevölkerung, ...)
- Wirkungsgefüge natürlicher und anthropogener Faktoren
- Ergebnis vergangener Prozesse
- aktuelle Prozesse und Planungen

Räume in ihrer Beziehung zu anderen Räumen

Leitfragen: z. B.
- Wie ist Australien / Ozeanien in einen übergeordneten Bezugsraum integriert?
- Wie ist Australien / Ozeanien erreichbar, und in welcher Zeit?
- Zu welchen Räumen steht Australien / Ozeanien in Konkurrenz?
- Ist Australien / Ozeanien im Vergleich mit anderen Räumen ein Gunst- oder Ungunstraum?

→ Australien / Ozeanien wird in Beziehung gesetzt:
- regionale und globale Lage
- Distanzen und Erreichbarkeit
- Standortgunst / Standortungunst
- Bedeutung und Potenzial
- Bedeutung naturräumlicher, siedlungsstruktureller oder wirtschaftlicher Kriterien in ihren (Lage-)Beziehungen zueinander

- - → Seite 14 – 55 Australien/Ozeanien als Realraum

- - → Seite 56 – 77 ... als Beziehungsraum

- - → Seite 10 – 13 ... unterschiedlich wahrgenommen

- - → Seite 78 – 81 ... als konstruierter Raum

Subjektive Beobachtung eines Raumes

Räume in der Wahrnehmung verschiedener einzelner Personen

Leitfragen: z. B.
- Wie wird der Raum Australien / Ozeanien von verschiedenen Personen wahrgenommen?
- Aus welchen Blickrichtungen kann / wird Australien / Ozeanien wahrgenommen?

→ Australien / Ozeanien wird wahrgenommen von ... als ... (Ich-Perspektive):
- Einheimische, Touristen, Politiker, Ökologen, Ökonomen, ...
- Altersgruppen und Geschlecht
- soziale Lebenssituationen

Räume in ihrer Darstellung durch Medien und Institutionen / gesellschaftliche Gruppen

Leitfragen: z. B.
- Wer sagt was und mit welcher Absicht über Australien / Ozeanien?
- Was steckt dahinter?

→ Australien / Ozeanien wird von ... kommuniziert und „gemacht“:
- in Internet, Radio, Film und Fernsehen
- in Printmedien
- in Dokumentationen und in der Werbung

TERRA **METHODE**

Es gibt verschiedene Möglichkeiten, Räume zu analysieren. Wichtig dabei ist, sich bewusst zu machen, wie man auf den Raum schaut, den man beobachtet. So kann man jeden Raum aus vier verschiedenen Blickwinkeln oder Perspektiven betrachten. Oder anders formuliert: Mit welcher „Brille" schaue ich auf den Raum? Welches „Fenster" der Weltbeobachtung öffne ich?
Es geht dabei darum, zu erkennen, dass die Wirklichkeit vielfältig ist. Bekanntes kann aber auch den Blick verstellen, was entweder selten bemerkt wird oder was man vielleicht gar nicht erst bemerken will.

Synoptische Raumanalyse

3 Was es heute heißt, die Welt kennenzulernen

„Wir sind Gefangene eines subjektzentrierten (oder eurozentrischen oder gesellschafts- und kulturspezifischen) Blicks; das können wir nicht vermeiden, aber einsehen und bewusst machen. Wir konstruieren Bilder und eine Deutung dieser Bilder, nach dem Grundsatz ‚A erkennt B als C in der Situation D'."

Tilman Rhode-Jüchtern: Global weltfremd ... Referat zur Fachtagung „Lernen und Verstehen" am 4./5. Mai 2004 in Jena, auf www.eule-thueringen.de/publikationen/tagungsbeitraege/download/RhodeJuechtern.pdf, Mai 2012

Der Aufbau dieses Buches orientiert sich an der problemorientierten bzw. synoptischen Raumanalyse. Bei dieser Form einer **Raumanalyse** werden vier Raumkonzepte angewendet, wobei aus vier verschiedenen Blickrichtungen auf den Raum Australien und Ozeanien geschaut wird. Grundsätzlich kann man einen Raum „objektiv" betrachten, indem man z. B. seine Lage und seine Strukturen untersucht und ihn in Beziehung zu anderen Räumen setzt. Wird der Raum jedoch auch „subjektiv" betrachtet, dann fragt man sich, wie Menschen einen Raum wahrnehmen, mit welchen Absichten über den Raum gesprochen und wie er beispielsweise in den Medien vermittelt wird. Die mittels der objektiven Informationen erarbeiteten Kenntnisse über den Raum werden ergänzt durch ein Wissen über die Intentionen bestimmter Akteure.
Beides zusammen ist eine wirkliche Herausforderung, aber dadurch wird es wiederum spannend. Als Betrachter schaut man gewissermaßen durch vier Fenster und muss sich selbst fragen, wie man beobachtet und was dahintersteckt.
Jedes Abbild der Wirklichkeit ist hinsichtlich seiner Entstehung, Erscheinung und Wirkung zu hinterfragen.
Am Ende ermöglicht eine solche Raumanalyse, die auf dem Wechsel der Perspektiven und der Subjektorientierung aufbaut sowie zur kritischen Reflexion anregt, ein tieferes Verständnis der Region und ihrer Menschen.

Eine synoptische Raumanalyse entlang der vier geographischen Raumkonzepte durchführen

1. Schritt: Leitfragen formulieren
Formulieren Sie eine oder mehrere Leitfragen zur Untersuchung des Raumes. Achten Sie darauf, dass die Untersuchungsfragen in einen Problemzusammenhang gestellt werden. So lohnen sich Fragen wie zum Beispiel:
- Warum zieht es viele junge Erwachsene nach Australien?
- Wie wird das klassische Einwanderungsland mit dem Multikulturalismus fertig?
- Welche Chancen hat Australien im Globalisierungsprozess?

2. Schritt: Material sichten und Zusatzmaterial suchen
Sichten Sie das zur Verfügung stehende Material und recherchieren Sie gegebenenfalls Zusatzmaterialien bzw. aktualisieren Sie vorhandene Materialien.

3. Schritt: Materialanalyse
Analysieren Sie das Material nach den vier Raumkonzepten (S. 6–7).

4. Schritt: Wechselbeziehungen klären
Stellen Sie Zusammenhänge zwischen den Ergebnissen zu den jeweiligen Raumperspektiven dar.

5. Schritt: Leitfrage(n) beantworten und Ergebnisse beurteilen
Formulieren Sie Antworten auf Ihre Leitfrage(n). Stellen Sie dabei auch heraus, welche Blickrichtungen auf den Raum Sie dabei am stärksten geleitet haben und was Sie über den Blick durch alle vier Fenster neu gesehen haben.

6. Schritt: Reflexion der Materialien und des Vorgehens
Beurteilen Sie abschließend die verwendeten Materialien und Ihre Vorgehensweise. Korrigieren Sie nötigenfalls Fehler.

Material
Methode Raumvergleich
104113-0001

Lernen im Netz
Materialien für Raumvergleiche Bolivien/Japan, Russland/China
104113-0002

Fragengeleitete Raumanalyse

Die fragengeleitete Raumanalyse dient dazu, einen geographischen Raum und die ihn prägenden natürlichen und gesellschaftlichen Faktoren zu erfassen, darzustellen und mit Blick auf eine Leitfrage zu bewerten.

Bei einer fragengeleiteten Raumanalyse muss zunächst – der Leitfrage entsprechend – entschieden werden, welche der verschiedenen Faktoren einbezogen werden müssen. Im Gegensatz zur synoptischen Raumanalyse, bei der ebenfalls Leitfragen den Ausgangspunkt bilden, haben diese einen anderen Stellenwert. Hier geht es mehr um die Erfassung der Human- und Naturfaktoren in ihren Abhängigkeiten und Wechselwirkungen. Die handelnden Subjekte und Akteure in ihren jeweiligen gesellschaftlichen Bereichen bleiben weitgehend außen vor.

4 Zwei Blicke auf den komplexen Raum
a) grafisch

b) Mindmap

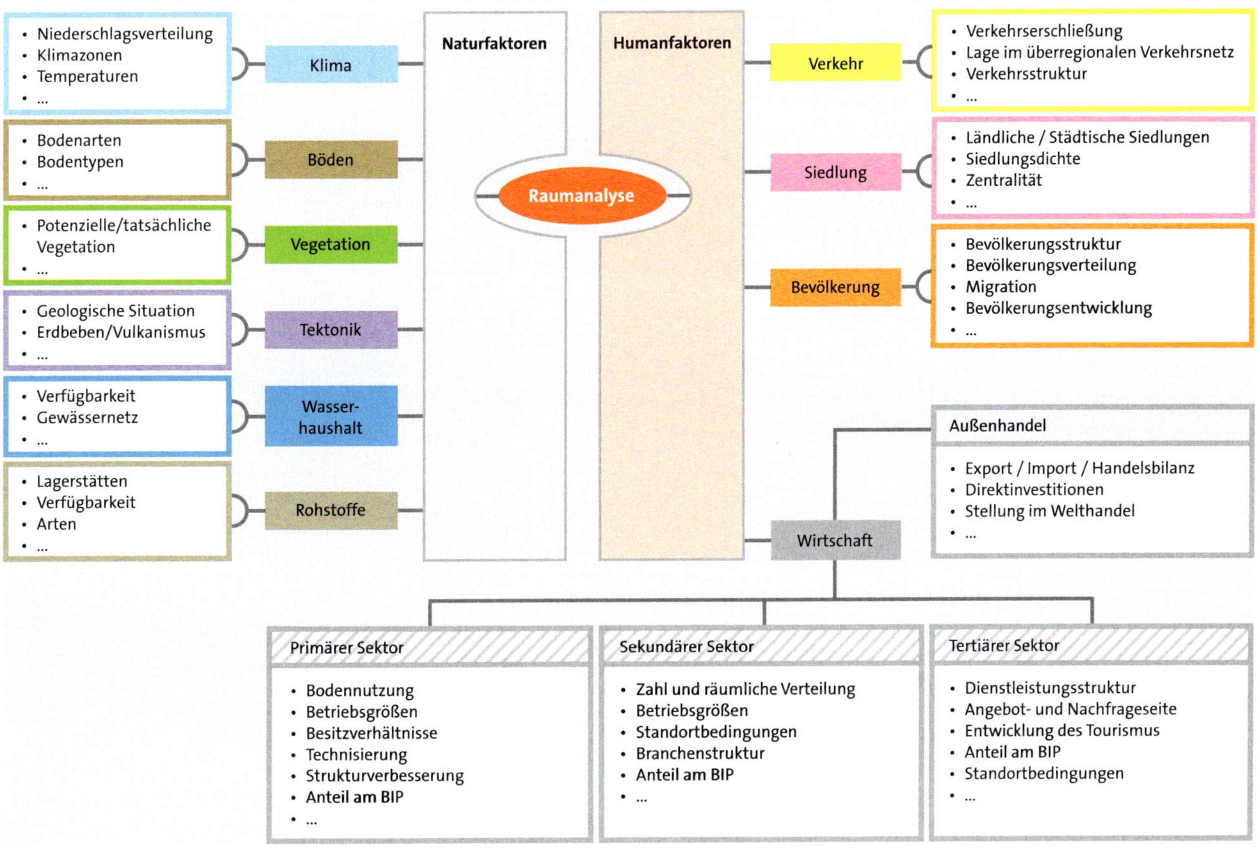

Australien / Ozeanien – einen fernen Raum unterschiedlich wahrnehmen

Menschen neigen dazu Räume, Situationen und Individuen zunächst aus einer ethnozentrischen Sicht zu beurteilen. Dabei handelt es sich allerdings lediglich um eine mögliche Perspektive, die der Realität bzw. der Wahrheit nicht unbedingt entsprechen muss. Ein Raum bekommt eine unterschiedliche Bedeutung und Wertigkeit.

Aus dieser selektiven Wahrnehmung und Vorstellung erklärt sich das räumliche Verhalten von Menschen, das auf Widerstand stoßen und Missverständnisse hervorrufen kann.
Von daher ist es sinnvoll, sich beispielsweise zu fragen, wie der Raum aus der Sicht eines Anderen aussieht. Ein Perspektivenwechsel kann dem Individuum helfen, seine eigene Wahrnehmung zu überprüfen.

1 Paul Gauguin: Herrliches Geheimnis (Nave nave moe), 1894, St. Petersburg, Eremitage

„Die glücklichen Bewohner eines unbeachteten Paradieses in Ozeanien kennen vom Leben nichts anderes als seine Süße."

Diesen Satz schrieb der Künstler Paul Gauguin 1890 an den dänischen Maler Willumsen. Die Gemälde von Paul Gauguin in der „Südsee" (Thaiti) zeigen die dort lebenden Menschen in einer tropischen, traumhaften Inselwelt.
Die leuchtenden, starken Farben, mit der eine üppige Vegetation und müßiggängerische, glückliche, bunt- und leichtbekleidete Menschen dargestellt werden, brachten allerdings schon damals nicht die Realität zum Ausdruck. Gauguin stellt ein exotisches Paradies dar, wie es in seinen Träumen vorkam, wie er es selbst aber gar nicht vorgefunden hat.

2 Wo in Australien die grünen Ameisen träumen ...

„Da sitzen einige Aborigines mit ihren Didgeridoos [Blasinstrumenten] im australischen Wüstenschotter vor der Riesenschaufel eines Caterpillars ... Die Aborigines erklären, dass an dieser Stelle die ‚Grünen Ameisen' träumen und dass der Ort deshalb für sie heilig sei. Die Geologen erklären, dass sie hier nach Bodenschätzen schürfen und dass sie dafür die Lizenz der Regierung haben. Was kann man aber tun, angesichts dieses Interessenkonflikts und dieser zwei Sichten auf den Ort."

Tilman Rhode-Jüchtern: Wo die grünen Ameisen träumen...
Zur Bedeutungsvielfalt von Räumen. In: Praxis Geographie 36. Jg., H. 4, Braunschweig: Westermann 2006, S. 4

Kompetenzen erwerben:
- Räume bewusst wahrnehmen und Raumwahrnehmung als eine der wichtigsten geographischen Kompetenzen herausarbeiten,
- anhand des Beispiels Australien/Ozeanien erläutern, dass Räume stets selektiv und subjektiv wahrgenommen werden,
- auf Wahrnehmungen anderer sachgerecht eingehen,
- erörtern, welche Folgen unterschiedliche Raumwahrnehmung für das Handeln haben kann.

Ein Kontinent – verschiedene Sichten

3 Der Fotograf mit besonderem Blick auf Australien – Panoramaansicht von Castle Hill auf Townsville und Magnetic Island (Queensland)

Wie bei jedem anderen subjektiv und selektiv wahrgenommenen Raum, werden auch mit dem Kontinent Australien sehr unterschiedliche Bilder verbunden, die entweder aus eigenen Erfahrungen, aus Filmen, Bildern, Berichten, Vorurteilen usw. entstanden sind.
Gerade einen uns so fernen Raum sehen Menschen in sehr unterschiedlicher Art und Weise und unter verschiedenen Gesichtspunkten sowie Perspektiven.
Abhängig von verschiedenen Faktoren werden bestimmte Aspekte eines Raumes dabei verstärkt, unterdrückt, gefiltert oder sogar verfälscht. Natürlich spielt dabei auch eine Rolle, mit welcher Absicht man sich einem Raum wie auch immer nähert.

4 Ich bin stolz, Australier zu sein

„Am 26. Januar ist Australientag. Australier feiern, was es bedeutet Australier zu sein und erinnern sich an die Ankunft der ersten Flotte in Sydney 1788. An diesem Tag werden Zeremonien abgehalten, um neue Australier als Mitbürger willkommen zu heißen.
Neben denen gibt es noch die Bestätigungszeremonien der australischen Staatsbürgerschaft. Sie sind wie ein erneutes Eheversprechen, das sich manch verliebtes Ehepaar immer wieder gibt, um der Welt und sich zu beweisen, wie glücklich es gemeinsam ist.
Die Bestätigungszeremonie der australischen Staatsbürgerschaft ist kurz. Die Anwesenden bekräftigen öffentlich ihre Treue und ihr Engagement für Australien und sein Volk.
Die Zeremonie ist eine großartige Möglichkeit, zu feiern, was es bedeutet Australier zu sein und öffentlich stolz zu erklären, australischer Staatsbürger zu sein."

Dorothée Lefering: Täglich Neues aus Australien – Australien-Ereignisse vom 26. Januar 2012. Ich bin stolz Australier zu sein. Auf http://australien-ereignisse.blogspot.com.au/2012/01/ich-bin-stolz-australier-zu-sein.html, März 2012

5 Schauspieler und Filmemacher

„Australien mag ich sehr. Es ist wie Amerika – allerdings ohne die Komplexe. Australier können über alles sprechen."
Peter Ustinov

Spätestens als Kulisse der Filmtrilogie „Der Herr der Ringe" wurde Neuseeland zum Inbegriff für beeindruckende Landschaften. Gletscher, Geysire, raue Berge, grüne Hochländer und einsame Palmenstrände – Auenland und Bruchtal sind real.

6 Der Lyriker: Es war Sommer in Neuseeland

Damals, kurz vor meiner Landung,
als ich aus dem Flugzeug sah,
war der Schaum der Meeresbrandung
und Neuseeland schon ganz nah.

Ausgeruht nach langem Schlafe
galt mein Blick dann der Natur,
und dort grasten viele Schafe
auf der sommergrünen Flur.

Ganze Heere von Lupinen
sonnten sich am Straßenrand,
ihre vollen Blüten schienen
wie gemalt von Künstlerhand.

Auf des kleinen Fliegers Kufen
glitt ich durch den Gletscherschnee,
fühlte mich auf Himmelsstufen,
fern im Tal lag blau der See.

Tief im Schoße von Vulkanen
brodelte der Erde Glut,
und die kalten Lavabahnen
waren einst so rot wie Blut.

Rotoruas heiße Quellen,
wo der Dampf aus Löchern faucht,
waren für mich jene Stellen,
wo der Teufel Schwefel raucht.

In den Fjorden, weiter südlich,
wohnte große Einsamkeit,
und man hörte unermüdlich
ihre Stille weit und breit.

Sonne lag auf Wald und Bergwand
und durchflutete den Fjord,
es war Sommer in Neuseeland,
schöner als des Dichters Wort.

Alfons Pillach, 2009

7 Der Tourist: Abenteuer Südsee – der Urlaubstraum vieler Europäer?

„Träumen Sie von einer exotischen Inselwelt, paradiesischen Stränden, faszinierenden Landschaften, einer vielfältigen Vegetation und Berührungen mit fremden Kulturen?
Dann ist ein Urlaub in der Südsee genau das Richtige für Sie! Reisen Sie zu den Fidschi oder Cook Inseln, nach Tahiti, Hawaii, Bali, Tonga, Samoa, Palau, Niue, Mikronesien, Australien, Neuseeland, zu den Salomonen oder den Archipelen Vanuatu, Kiribati und Tuvalu und genießen Sie kilometerlange Strände, wehende Palmen, farbenprächtige Unterwasserwelten, exotische Naturschönheiten und einen beachtenswerten Sternenhimmel.
Treffen Sie gastfreundliche Insulaner mit einer uralten Kultur, lassen Sie sich mit exotischen Köstlichkeiten verwöhnen und entdecken Sie wunderschöne Korallenriffe, Wasserfälle und schäumende Küstengeysire."

www.suedsee-reisen.info/, Febr. 2012

8 Der Schriftsteller

„Ich hätte nicht gedacht, dass Australien so schön und so anmutig ist. Ich hatte ein schroffes Land erwartet, aber nicht damit gerechnet, so schöne, sanfte und anheimelnde Gegenden vorzufinden. Die Australier finde ich sehr, sehr freundlich. Ja, Freundlichkeit ist das, was mir dazu einfällt und dann gibt es hier ein sehr gutes Essen, das hätte ich jetzt auch nicht so erwartet. Ich habe noch nie so gutes Fleisch gegessen wie hier in Australien. Aber interessant ist vor allem, dass Deutschland immer von ‚multikulturell' spricht, aber für Australien war es der Gründungsgedanke, eine Zuwanderungsnation zu sein. Dieses Land besteht aus Zuwanderern und ihren Nachkommen und ich glaube wirklich, dass Australien ein Zukunftsmodell ist."

Auszug aus einem Interview mit dem Autor Thomas Brussig, 2001 (Interviewerin: Silke Schoppe), auf www.berlinerzimmer.de/eliteratur/brussig_interview.htm, Febr. 2012

9 Die potenziell interessierten Deutschen ...

- sehen einen längeren Aufenthalt, die Anreise sowie den Aufwand der Reiseplanung erst als gerechtfertigt an, sofern Zeit und Geld vorhanden sind.
- sehen als mögliche Reiseerlebnisse in Australien in erster Linie das Besuchen geographischer Punkte (wie Ayers Rock oder 12 Apostels). Dagegen sind emotionale Faktoren (die z. B. schon eine halbtägige Outback-Tour oder die Tierbeobachtung bieten kann) kaum geläufig.
- sind sich nicht klar darüber, welches unvergessliche Reiseerlebnis sie in Australien erleben könnten.
- suchen nach besseren Informationen wie wohl ihr persönlicher Australienurlaub aussehen könnte, der mit ihren Erwartungen korrespondiert.
- warten eine „bessere Ausgangssituation" ab. Bei Eltern, deren Kinder außer Haus sind, wird nicht selten der Einstieg in den Ruhestand als geeigneter Zeitpunkt gesehen. Paare vor der Familienphase sehen den geeigneten Zeitpunkt nach dem Besuch abenteuerlicherer Destinationen oder in einem Sabbatjahr.
- nehmen Australien nicht als dynamisch sich entwickelnde Destination wahr. Aus ihrer Sicht macht es nur geringen oder gar keinen Unterschied, ob sie Australien heute oder in einigen Jahren besuchen. Dem Traumziel Australien fehle es an Faktoren, die eine Reise unbedingt in unmittelbar nächster Zeit erforderlich machen.
- empfinden die Bilder, die mit Australien verbunden werden, häufig als steril und wenig emotional ansprechend. Das in den Köpfen verankerte Landschaftsbild wird mit Adjektiven wie heiß, rot, staubig, weitläufig umschrieben.
- empfinden Australien eher als Ziel, das man gesehen haben sollte, aber nicht das man gesehen haben muss.
- bevorzugen vor Australien andere, exotischere, Reiseziele wie z. B. Südostasien oder auch Südafrika.

Zusammengestellt nach www.australien-info.de, Febr. 2012

10 Der Geschäftsmann

„‚Probleme werden offen angesprochen und Lösungen sind mitunter hemdsärmelig.' Der Münchner Tobias Bücheler mag die australische Geschäftskultur. ‚Die Leute hier sind pragmatisch und direkt', sagt der 37-jährige Chief Investment Officer der Allianz Gruppe in Sydney... ‚Die Zusammenarbeit ist unkompliziert. Vielleicht stimmt das Klima die Menschen ein wenig milder.' Der 42-jährige Projektmanager [Bernd Martin] bei Fresenius Medical Care genießt die multikulturelle Atmosphäre seiner Wahlheimat, in der Australier, Neuseeländer, Europäer, Südafrikaner und Asiaten friedlich kooperieren. Den entspannten Umgang der Menschen schätzt auch die Berlinerin Ariane Falkenberg, Personalmanagerin beim Zertifizierungs-Unternehmen NCS International in Sydney: ‚Im Gegensatz zu den Deutschen haben Australier meist gute Laune, und das versüßt mir oft den Tag.'"

Barbara Bierach: In: Handelsblatt: Australien Perspektiven, vom 30.03.2009

11 Eine Entwicklungshelferin: Französisch-Polynesien – ein Entwicklungsland?

„Die wesentlichen geographischen, wirtschaftlichen und politischen Strukturmerkmale Französisch-Polynesiens suggerieren auf den ersten Blick ein starkes wirtschaftliches Potential, einen hohen Lebensstandard und demokratische Möglichkeiten, die im Rahmen der gewährten Autonomie eine begrenzte Selbstverwaltung erlauben. Bei näherer Betrachtung ist festzustellen, dass dies insbesondere bei einer Differenzierung nach ethnischen Gruppen nicht stimmt. Die Partizipation am Wohlstand betrifft in Französisch-Polynesien nicht alle Ethnien gleichermaßen. Auch die Wirtschaftskraft erweist sich als künstlich am Leben erhaltene dependente Transferökonomie, eins von vielen Merkmalen, die eher auf entwicklungsländertypische Strukturen hinweisen."

Tatjana Thimm: Kultureller Wandel in Französisch-Polynesien vor dem Hintergrund ausländischer Einflussnahme und endogener Entwicklung ... Göttingen: Diss. Georg-August-Universität 2001, S. 106, gekürzt

12 Ländliche Siedlung im Hochland von Papua-Neuguinea

1. Vergleichen Sie die verschiedene Wahrnehmung des Raumes Australien.
2. Recherchieren Sie im Internet die Sicht eines Backpackers.
3. Verfassen Sie einen kurzen Text über Australien, den Sie mit der Formulierung: „Mit Australien verbinde ich ..." einleiten.

2 Australien / Ozeanien als Realraum

Australien und Ozeanien – das steht für Kängurus und Koalas, für Wüsten und Eukalyptusbäume, für moderne Großstädte und Traditionen der **Aboriginal People**, für Uluru (Ayers Rock) und das Große Barriereriff, für Schaffarmen und Erzlagerstätten, für Rucksacktouristen und Tauchfanatiker, für 20 Stunden Flugzeit von Frankfurt, für Weihnachten im Hochsommer ...
Der uns fernste Kontinent erstreckt sich über etwa 4 000 km von Westen nach Osten und über 3 700 km von Norden nach Süden. Australien selbst ist flächenmäßig der sechstgrößte Staat der Erde und verfügt über 25 700 km Küstenlinie. Häufig wird Australien mit den auf 70 Mio. km² verstreuten etwa 10 000 Inseln Ozeaniens und mit Neuseeland zu einem Kontinent zusammengefasst. Er liegt zwischen dem Pazifischen und dem Indischen Ozean vollständig auf der südlichen Erdhalbkugel. Ozeanien ist der kleinste, flachste, flussärmste und trockenste Kontinent der Erde. Durch seine Lage fernab anderer Erdteile haben sich hier weitgehend unbeeinflusst eine eigenständige Vegetation und Tierwelt entwickelt, die in vielerlei Hinsicht weltweit einzigartig sind, denen inzwischen aber durch eingeführte Arten die Verdrängung droht.

1 Exotische Wappen mit durchaus sachlichem Hintergrund

Kompetenzen erwerben:
- den Naturraum Australiens nach prägenden Geofaktoren gliedern,
- physisch-geographische Faktoren Australien/Ozeaniens mithilfe von von Karten, Grafiken, Diagrammen, Tabellen und Sachtexten analysieren und auf Grundlage dieser Analyse Risiken und Chancen für die Entwicklung dieses Raumes erläutern,
- Möglichkeiten der agrarischen Nutzung von Australien/Ozeanien in Abhängigkeit von den klimatischen Bedingungen erläutern,
- langfristige Folgen des Eingreifens des Menschen in die einzigartige australische Flora und Fauna beurteilen,
- die Bedeutung Australiens für die globale Rohstoffwirtschaft erläutern und deren nationale und globale Auswirkungen erörtern,
- die Bevölkerungsentwicklung und -verteilung Australiens und Neuseelands vergleichen und zu deren Auswirkungen Stellung nehmen,
- auf der Basis eines Vergleichs verschiedene Lebenswelten in ihrer Raumwirksamkeit beurteilen,
- Australien und Neuseeland als Einwanderungsländer einordnen und die Auswirkungen von Migration auf die Bevölkerungs- und Sozialstruktur der Länder erläutern,
- die Grundkonzepte australischer Siedlungen beschreiben und die Zweckmäßigkeit dieser Siedlungen bewerten,
- selbstständig erarbeitete komplexe Sachzusammenhänge und Problemstellungen fach- und adressatengerecht mit angemessener Medienunterstützung präsentieren,
- die Vielfalt kartographischer Darstellungsmöglichkeiten beschreiben und Manipulationsmöglichkeiten benennen,
- selbstständig Strategien zur Lösung einer Aufgabe entwickeln,
- komplexe Gegebenheiten planmäßig mit dem Ziel verarbeiten, zu selbstständigen Begründungen, Folgerungen, Lösungsansätzen, Deutungen und Wertungen zu gelangen.

2.1 Früher wie heute „am anderen Ende der Welt“?

2 Die Erde aus der Sicht Australiens

Am anderen Ende der Welt hatten die Ureinwohner bis zum Eintreffen der weißen Eroberer Ende des 18. Jh. eine besondere Kultur entwickelt, deren Reste uns bis heute Rätsel aufgeben. Allerdings hat das „Mutterland“ England zu Kolonialzeiten das Land in Besitz genommen, europäisch besiedelt, kulturell überformt und das moderne Australien geprägt. Damals brauchte man mit dem Segelschiff noch fünf Monate dorthin. Englisch ist trotzdem die Amtssprache, die Australier fahren auf der linken Seite und die Königin von England ist im Rahmen des Commonwealth of Nations als die „Queen of Australia“ Staatsoberhaupt – vertreten durch einen Generalgouverneur. Und die Australier sehen die Welt selbst auf der Karte ganz, ganz anders.

3 Europa und Australien – Australien und Europa

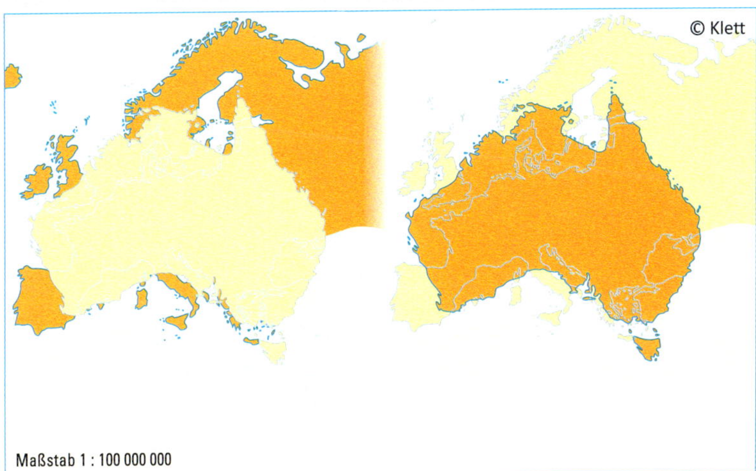

2.2 Naturraum und Naturpotenzial Australiens

4 Australien – Relief und geologische Großeinheiten

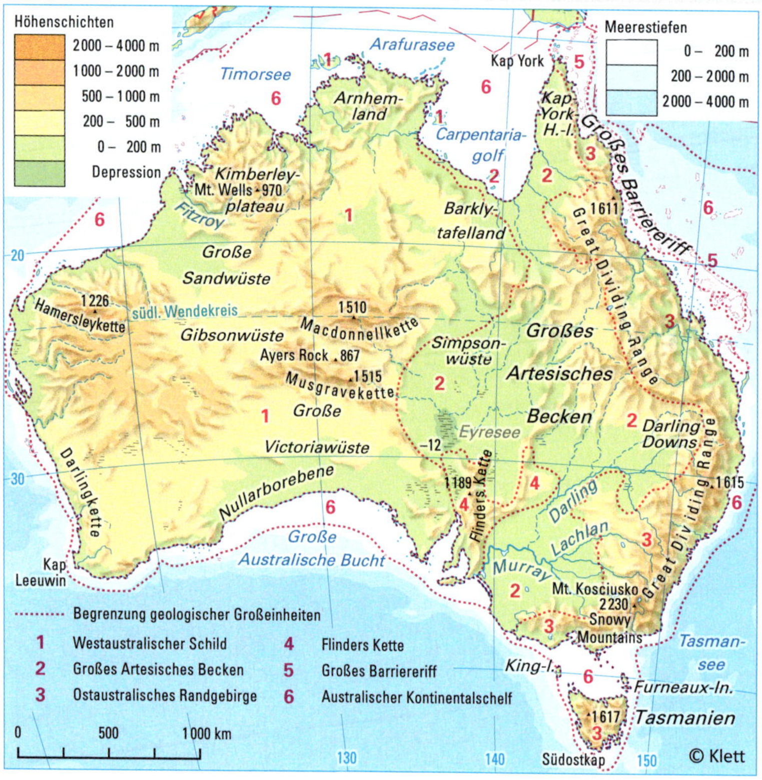

Seite 58/59
Australien/Ozeanien in einer Welt in Bewegung

Seite 60–65
... von globalen [Natur-] Veränderungen besonders betroffen

Das Relief

Australien ist ein sehr alter Kontinent, dessen ursprüngliches Relief stark erodiert und eingeebnet wurde. Geringe Reliefenergie bestimmt das Landschaftsbild, Hochgebirge fehlen fast völlig. Eine Durchschnittshöhe von lediglich 300 m begründet Australiens Ruf als flachster Kontinent.

Ostaustralisches Randgebirge

Die Gebirgs- und Hügelländer im Osten sind geologisch jünger als die im Westen. Sie dachen nach Westen hin sanft ab, während sie zu den schmalen Küstenebenen im Osten relativ steil abfallen. Die Great Dividing Range erstreckt sich über 3 000 km vom Kap York im Norden Queenslands parallel zur Ostküste Australiens bis zu den Snowy Mountains im Süden Victorias. Hier liegt mit dem 2 228 m NN hohen Mount Kosciusko auch die höchste Erhebung Australiens, während die Great Dividing Range sonst nur selten Höhen über 1 000 m NN erreicht und im Wesentlichen Mittelgebirgscharakter aufweist.

Großes Artesisches Becken

An die Great Dividing Range schließt sich im Westen das Große Artesische Becken an. Es ist eine fast abflusslose Ebene, die sich vom Carpentariagolf im Norden bis zur Mündung des Murray im Süden ausdehnt. Hier finden sich die wenigen Flüsse, von denen nur der Murray, der größte Fluss Australiens, ganzjährig wasserführend ist. Die übrigen führen nur bei den seltenen Regenfällen Wasser, während sie vor allem in den Wintermonaten trocken fallen.

Im Südwesten des Großen Artesischen Beckens liegt mit dem Eyresee Australiens größter Salzsee und gleichzeitig mit –12 m NN der tiefste Punkt Festlandsaustraliens. Hier enden zahlreiche Flüsse, die von der Great Dividing Range in

Material
Methode Synoptisches Profil
104113-2201

Richtung Westen fließen, und speisen bei den ganz seltenen Starkregen den See, während in dieser Region sonst so gut wie kein Niederschlag fällt.
Unter der Oberfläche der Mittelaustralischen Senke verborgen befinden sich riesige **Aquifere**, im porösen Untergrund eingelagertes Grundwasser. Dieses Wasser nimmt auf seinem unterirdischen Weg Sedimente und Mineralien auf, sodass es bei Austritt oder Förderung meist einen salzigen oder mineralischen Geschmack hat. Obwohl es für den Menschen ungenießbar ist, macht es Ackerbau und Viehhaltung im größeren Maßstab in Queensland, Neusüdwales und Südaustralien erst möglich.

Westaustralischer Schild

Die westliche Hälfte Australiens wird von einem Tafelland dominiert, das durchschnittliche Höhen zwischen 250 und 800 m NN erreicht. Es umfasst mit der Gibsonwüste, der Großen Sandwüste und der Großen Victoriawüste die größten Trockengebiete Australiens und grenzt im Osten an die Simpsonwüste.
Mit der Hamersleykette, der Musgravekette oder der Macdonnellkette sorgen einzelne Mittelgebirgszüge für Abwechslung im Relief. Die bekanntesten Erhebungen Australiens ragen aber aus der Sandebene zwischen Macdonnellkette und Musgravekette heraus: die Olgas und der Uluru (Ayers Rock).

Großes Barriereriff

Eine besondere Landschaft stellt das der Nordostküste vorgelagerte Große Barriereriff dar, das mit gut 20 000 km² (so groß wie Hessen) größte zusammenhängende Korallengebiet der Erde.

1. Ordnen Sie die Fotos in Material 4 der Karte zu
2. Gliedern Sie Australien nach Reliefmerkmalen anhand der Karte in Material 4 und eines selbst gezeichneten West-Ost-Profils von Carnavon bis Brisbane.
3. Formulieren Sie ausgehend von den Großlandschaften Hypothesen zu Nutzungs- und Besiedlungsmöglichkeiten in Australien.

Dry Land?

5 Australien – Klimazonen

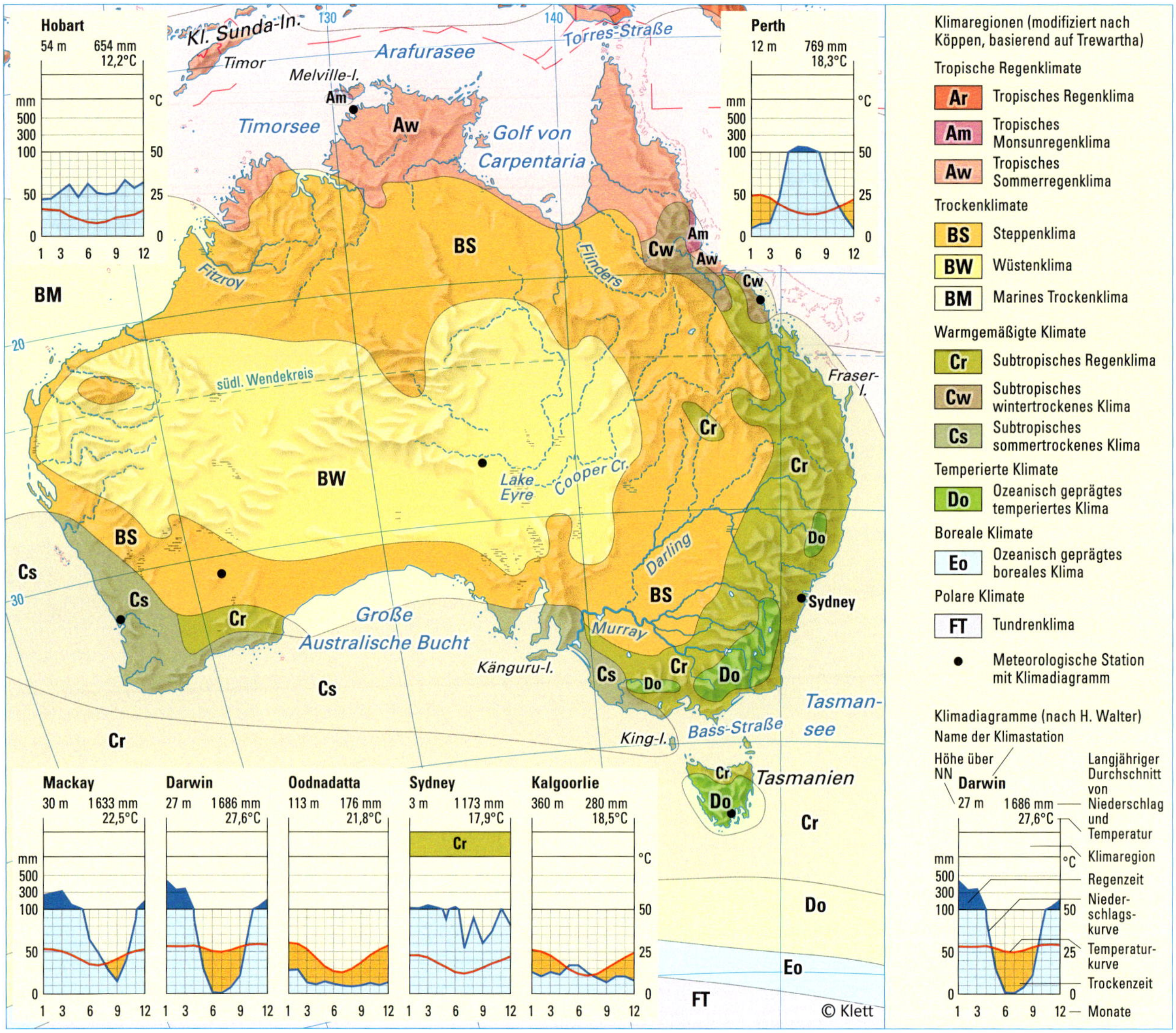

Das Klima in Australien reicht vom tropischen Norden bis zum warmgemäßigten Süden. Die Klimate sind Ergebnis der Lage Australiens innerhalb der planetarischen Zirkulation. Dabei sind folgende drei Elemente prägend: die subpolaren Westwinde, die Passatwindzone und ein tropischer Tiefdruckgürtel.

Wesentliche Folge ist die extreme Kontinentalität, die dafür sorgt, dass Australien mit weniger als 600 mm durchschnittlichem Jahresniederschlag nach der Antarktis der trockenste Erdteil ist. Fast 80 Prozent der Fläche Australiens sind semiaride und aride Gebiete mit weniger als 250 mm Niederschlag im Jahr.

Landschaften, in denen die wenigen Flüsse nur einige Wochen im Jahr Wasser führen und Seen immer wieder austrocknen, weisen außerdem auf seltene Niederschlagsereignisse und eine hohe Niederschlagsvariabilität hin – nicht nur im Jahresgang.

Im Norden herrschen Sommerregen vor, die durch den Monsun von November bis März

Material
Australien – Karten Temperaturverhältnisse
104113-2202

Surftipp
Klima- und Wasserreport Australien 2011
104113-2203

bedingt und sehr verlässlich sind. Für den Rest des Jahres herrscht dort Trockenheit. Während die feuchtesten Gebiete im tropischen Nordosten und im gemäßigten Südwesten liegen, gibt es in der zentralen Mitte fast überhaupt keine Niederschläge. Das trockenste Gebiet liegt um den Eyresee mit weniger als 125 mm Niederschlag im Jahr. Außerdem wird das **Outback** durch die hohen Tagesschwankungen der Temperaturen charakterisiert, die zwischen 50 °C am Tag und Frost in der Nacht liegen können.

Willy Willy

So lautet die australische Bezeichnung eines tropischen Wirbelsturms. Der Geburtsort der Willy Willies ist wie bei jedem tropischen Wirbelsturm das warme tropische Meer. In Australien sind dies vor allem das Korallenmeer im Nordosten, der Carpentariagolf im Norden und die Timorsee im Nordwesten. Hauptsturmsaison ist von Januar bis März. Dann ist das Meereswasser am wärmsten (26–28 °C) und verdunstet viel Wasserdampf in die Atmosphäre. Die Wirbelstürme haben einen Durchmesser von mehr als 350 km und bewegen sich relativ langsam: die Zuggeschwindigkeit beträgt etwa 20–30 km/h.

Entgegen verbreiteter Ansichten waren es nicht die **Aborigines**, die Ureinwohner Australiens, die diesen originellen Namen erfanden, sondern die europäischen Einwanderer. Aus dem englischen Wort für Wirbelwind "whirlwind" wurde "whirly-w hirly" und schließlich "willy-willy".

Im Willy-Willy-Guinnessbuch hält die Stadt Crohamhurst nördlich von Brisbane den bisherigen Regenrekord. Während ein **Willy Willy** vorüberzog, fielen in vier Tagen 1964 Liter Regen pro Quadratmeter. Den Windrekord hält die Stadt Onslow im Nordwesten Australiens mit 225 km/h.

Ein Willy Willy ist aber häufiger ein kleiner, lokal auftretender Wirbelsturm, der dann auch liebevoll Staub-, Heu- oder Sandteufel genannt wird.

6 Australien – Niederschläge 2000/2001 bis 2005/2006

Nach Bureau of Meteorology Australia 2008, Geoscience Australia 2004, Water and Murray-Darling Basin, A Statistical Profile

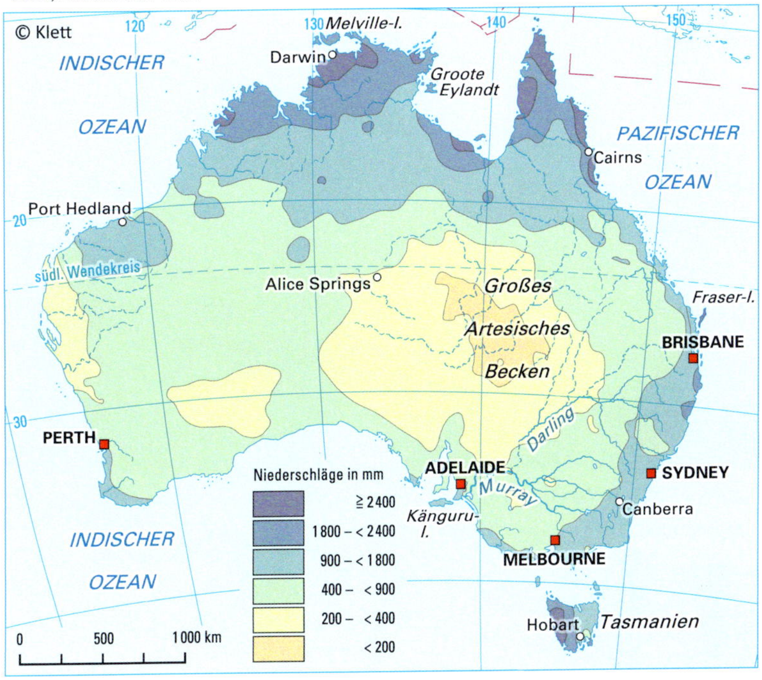

7 Tropischer Wirbelsturm „Ingrid“ vor Nordostaustralien am 07.03.2005

4 Klimadiagramme nach H. Walter:
a) Vergleichen Sie die Klimadiagramme in Karte 5.
b) Ordnen Sie (begründet) die Klimadiagramme den entsprechenden Klimazonen zu.

5 Erklären Sie die Entstehung der tropischen Wirbelstürme vor der australischen Küste.

6 Formulieren Sie ausgehend von den Klimaverhältnissen Hypothesen zu Nutzungs- und Besiedlungsmöglichkeiten Australiens.

Die Wüste erwacht

8 Lake Eyre 2006 (oben) und 2011 (unten)

Noch nicht mit Wasser gefüllt, lassen sich dennoch die Umrisse des Sees erkennen, dank der hellen Salzablagerungen.

Der vollgelaufene See erstreckt sich über eine Fläche von mehr als 10 000 km².

9 Das Einzugsgebiet des Lake Eyre

Das Wasser frisst die Wüste. Schnell breitet es sich aus. Bräunlich-schlammige Flussarme schlängeln sich durch eine von jahrelanger Dürre ausgetrocknete Landschaft. Aus allen Richtungen kommend, haben ungezählte, zu neuem Leben erweckte Wasseradern nur ein Ziel: Lake Eyre (Eyresee). Von rötlichen Sanddünen und Grasland umgeben liegt er majestätisch im australischen **Outback**.

Aufgrund der geringen Reliefunterschiede waren die Wassermassen der schweren Überschwemmungen zu Jahresbeginn 2011 im Nordosten Australiens mehrere Monate unterwegs, bis sie schließlich in die Wüstengebiete Südaustraliens gelangten. Hier verwandelten sie den Lake Eyre vom weltgrößten Salzsee in den größten Binnensee Australiens – mit einem Salzgehalt neun Mal höher als der des Ozeans. In seiner vollen Ausdehnung, 144 mal 77 km, ist er größer als Zypern. Sein hydrologisches Einzugsgebiet, das Lake-Eyre-Becken, hat mit knapp 1,2 Mio. km² noch andere Dimensionen: Grob gerechnet entspricht es der Fläche Deutschlands, Frankreichs und Italiens zusammen. Es reicht von Südaustralien über mehrere Tausend Kilometer bis weit in den Norden des Kontinents.

Der See, während der vergangenen Jahre meist ausgetrocknet und mit einer dicken Salzkruste überzogen, konnte 2011 erstmals seit 1974 wieder seine maximale Ausdehnung erreichen. Das ist ein seltenes Ereignis: Der See füllte sich in den letzten hundert Jahren nur dreimal.

Dahinter steckt das **La-Niña-Phänomen**, eine klimatische Besonderheit über dem Südpazifik. Es stoppte – wenn auch nur vorläufig – eine der längsten Dürreperioden Australiens.

Die „Big Dry“ dauerte von 2000 bis 2009. In den vergangenen drei Sommern regnete es vielerorts aber wieder so häufig und kräftig, dass Lake Eyre bereits wieder Wasser führte, die Flut 2011 tat nun ihr Übriges.

Material/Surftipp
El Niño /Southern Oscillation
104113-2204

Surftipp
Klima- und Wasserreport Australien 2011
104113-2203

10 ENSO-El Niño/Southern Oscillation im äquatorialen Pazifik (von dunkelblau – <18 °C – nach dunkelrot – >30 °C – ansteigende Wassertemperatur)

Nach Mojib Latif: Das El Niño/Southern Oscillation-Phänomen. In: promet, H. 3/4, 2006. Offenbach: Deutscher Wetterdienst 2006, S. 124

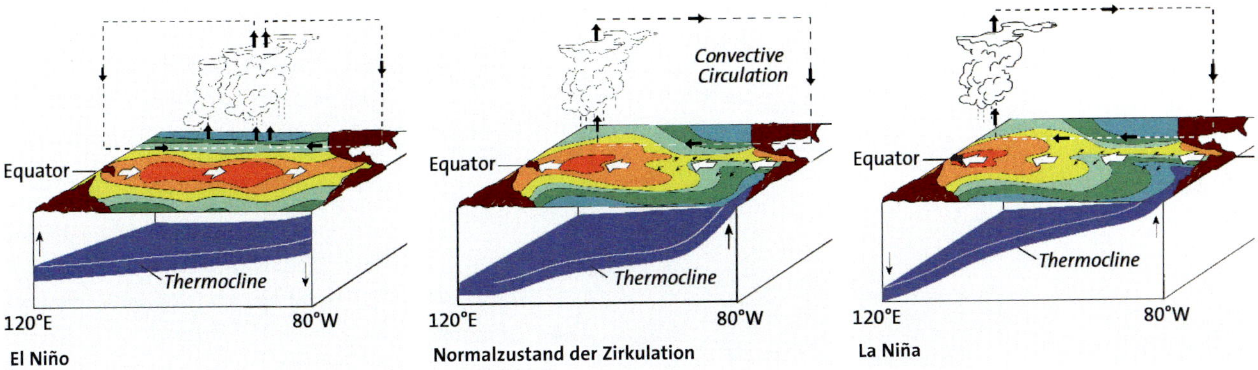

Thermokline: Grenzfläche zwischen warmen Oberflächenwasser und kaltem Tiefenwasser

Als Salzsee war Lake Eyre wie ein totes Stück Erde. Die Senke um den See und die sich anschließende Wüste gelten als größtes Entstehungsgebiet von Staubwolken auf der Südhalbkugel. Während der Dürre wuchs hier weder Baum noch Strauch. Jeder Tropfen Wasser verdampfte unter der gleißenden Sonne. Das Leben erstarrte, Tiere gruben sich in den kargen Boden ein – für Jahre. Doch nun beginnt eine faszinierende Transformation: Die Fische vermehren sich in dem an vielen Stellen nur einen Meter tiefen See extrem schnell. Das wiederum führt zu einer rapiden Zunahme des Vogelbestands. Auch Gräser schießen in die Höhe und Wildblumen sprießen in großem Ausmaß. Die Pflanzen in diesem Wüstengebiet können sich perfekt an den Wechsel von Dürre und Regen anpassen. Oft schlafen sie mehrere Jahre. Doch wenn das Wasser kommt, vermehren sie sich in einem unglaublichen Tempo.
Mindestens bis Anfang 2012 werde Lake Eyre noch Wasser führen. Gäbe es 2012 einen weiteren regenreichen La-Niña-Sommer in Ostaustralien, würde Lake Eyre frühestens ein Jahr später austrocknen. Dann schliefe er wieder, der gerade erwachte Riese. Womöglich jahrelang ...

11 Niederschlagsdaten im Vergleich – Station Birdsville Airport, Australien, Südwest-Queensland, 25°90'S, 139°35'E, 47 m NN

www.bom.gov.au/jsp/ncc/cdio/weatherData, April 2012

	Feuchtjahr 2011	Durchschnitt 2000–2012	Trockenjahr 2006
Jan.	76,4	22,6	13,6
Febr.	27,8	34,2	3,8
März	230,6	41,7	9,4
April	0,0	1,4	0,0
Mai	0,0	7,4	0,0
Juni	5,6	11,3	0,0
Juli	8,3	5,9	9,2
Aug.	0,0	4,5	0,0
Sept.	24,1	7,8	0,0
Okt.	0,4	12,3	0,0
Nov.	29,8	18,5	0,0
Dez.	3,8	9,1	22,4
Summe	406,8	179,5	58,4

12 Zum Verhältnis von Raum und Zeit:
oben: Salzkruste im ausgetrockneten See
unten: Das Leben kehrt zurück

7 Beschreiben Sie das Flusssystem im Lake-Eyre-Becken.

8 Erläutern Sie die Gründe für die starken Wasserschwankungen des Lake Eyre.

9 Definieren Sie den Begriff „Creek".

Skurril und gefährdet – eine einzigartige Lebewelt

13 Typen der Realvegetation in Australien

Nach Australien Government ... The Australian Environment ..., auf www.anbg.gov.au/aust-veg/veg-map.html, März 2012

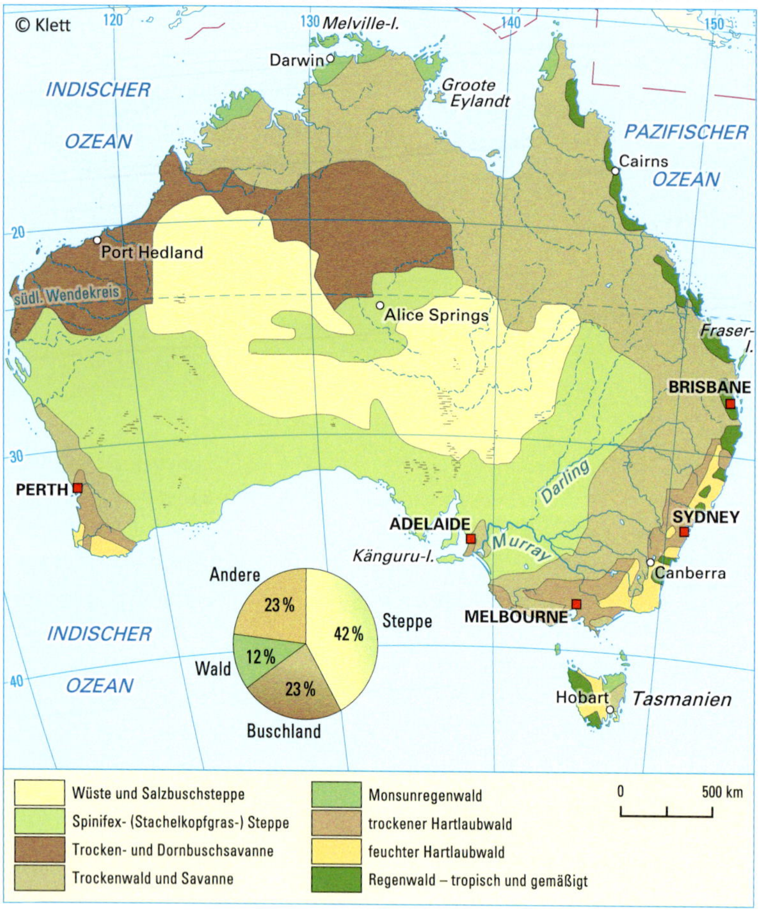

14 Spinifex-Gras

15 Grasbäume

Die Pflanzenwelt

Gelegentlich wird Australien als ein „Wüstenstaat“ abgetan. Es ist das unvollständige Bild vieler Europäer von einem ausgedörrten Kontinent, in dem das Vieh verdurstet und in dem sich Farmer aus Verzweiflung das Leben nehmen. Dem Fünften Kontinent wird das Klischee kaum gerecht, denn Australien verfügt über eine sehr abwechslungsreiche Vegetation. Diese hat sich – wie überall auf der Erde – an die physisch-geographischen Voraussetzungen – maßgeblich Temperatur und Niederschlag – angepasst.

Die Böden sind sehr alt und dadurch nährstoffarm. Im Gegensatz zur Nordhalbkugel haben sie nur einen sehr geringen Anteil an organischem Material. Dies erklärt den hohen Anteil endemischer Arten an der natürlichen Vegetation, das sind solche, die sich nur hier entwickelt haben. Von den rund 20 000 Pflanzenarten in Australien sind ca. 85 % ausschließlich auf diesem Kontinent heimisch. Typisch sind die Eukalyptus- und Akazienbäume mit jeweils über 600 Arten.

Bedrohung durch Einwanderer. Neben der einheimischen Flora sind in Australien ungefähr 2 000 hier nachträglich eingeführte Pflanzenarten anzutreffen, von denen die meisten mit der zunehmenden Entwicklung von Land- und Weidewirtschaft oder der Errichtung großer Anpflanzungen von wirtschaftlich nutzbaren Weichhölzern ins Land kamen.

Auch waren die australischen Wüsten nicht immer so groß, wie sie heute sind. Noch vor 12 000 Jahren war vermutlich ein Viertel des Landes von Wäldern, Savannenwäldern und Buschbeständen bedeckt. Dann begannen zunächst die Ureinwohner mit der Brandrodung und vernichteten einen Teil der damals existierenden Flora und Fauna. Aber seit der Ankunft der ersten europäischen Siedler 1788 ist die Bewuchsfläche des Landes dramatisch geschrumpft. Nur ein geringer Bruchteil der natürlichen Vegetation war aus deren Sicht wirtschaftlich wertvoll, und in den darauf folgenden 200 Jahren wurde ein großer Teil der einheimischen Flora entfernt, um Raum für Besiedlung und landwirtschaftliche Nutzung zu schaffen.

Diese Entwicklung hatte nicht nur eine Verschärfung der durch Erosion verursachten Probleme zur Folge, sondern auch das unwiderrufliche Verschwinden einheimischer Pflanzenarten. Darüber hinaus sind zahlreiche weitere Arten vom Aussterben bedroht.

10 Beschreiben Sie die Vegetationszonen Australiens.

11 Begründen Sie unter Berücksichtigung der klimatischen Verhältnisse die unterschiedlichen Vegetationszonen.

12 Beurteilen Sie die langfristigen Folgen des Eingreifens des Menschen in die australische Flora.

Material/Surftipp
Potenzielle natürliche Vegetation
104113-2205

Material
Verarmung der nat. Vegetation nach der europ. Einwanderung
104113-2206

Känguru und Co.

16 Beutler bestimmen Australiens Tierwelt

Australiens Tierwelt entwickelte sich – wie die Flora – aufgrund der abseitigen und lange isolierten Lage einzigartig. Nach dem Zerbrechen Gondwanas und durch die **plattentektonischen Prozesse** musste sich die Vegetation fortwährend an neue klimatische Bedingungen anpassen – von großer Hitze und Trockenheit bis hin zu kühleren feuchten Regionen. Entsprechend erfolgte eine Anpassung der Tiere an die veränderte Nahrungssituation. Dies ist einer der Gründe für die zahlreichen nur in Australien vorkommenden Tierordnungen. Nur dort sind beispielsweise das Schnabeltier und die sogenannten Beuteltiere wie Känguru und Co. beheimatet.

Evolution – Laune der Natur? Ein anderer Grund für die einzigartige Zusammensetzung der australischen Tierwelt ist das weitgehende Fehlen der Plazentalier (s. Randspalte). Dadurch vollzog sich in Australien eine Entwicklung, die alle ökologischen Nischen betrifft, die sonst von Plazentaliern besetzt sind: Flinke Weidetiere wie die Kängurus entsprechen dem Rotwild, Wombats leben entsprechend der Lebensweise von Schweinen auf dem Erdboden, Koalas streifen durch die Bäume und sind irgendwo zwischen Faultieren und Affen anzusiedeln, andere Beuteltiere ähneln Maulwürfen und Mäusen, während der wahrscheinlich ausgestorbene Beutelwolf und die Beutelkatze Hunden und Katzen unserer Tierwelt entsprechen. Beuteltiere waren bis ins 18. Jh. – abgesehen von den Dingos – die einzigen Säugetiere des Kontinents.

17 Neuseeland: Das Aussterben der Moas

„Moas waren bis zu 2 m große flugunfähige Vögel, von denen es 24 unterschiedliche Arten gab. Diese bis zu 240 kg schweren Laufvögel konnten sich in der säugetierfreien Isolation Neuseelands ohne die Notwendigkeit entwickeln, sich dem Angriff von Raubtieren zu entziehen. So verloren sie mit der Zeit die Flugfähigkeit ... Sie selbst waren als Pflanzenfresser harmlos und hatten als natürliche Feinde lediglich Raubvögel zu fürchten ...
Als die Maoris um das Jahr 1280 nach Neuseeland kamen, dauerte es aber nicht lange, bis ihnen die Moas zum Opfer fielen. Durch ihre lange Jugendzeit und Behäbigkeit waren sie den Menschen hilflos ausgeliefert. Oft wurden die Jungvögel getötet, bevor sie überhaupt die Chance hatten, sich fortzupflanzen. Das Problem der straußenartigen Riesen war ihre bis zu zehn Jahre lange Kindheit, wie Wissenschaftler jetzt aus den Wachstumsmarken in den Knochen der Moas schließen. Die erinnern an Baumstämme: Zersägt man sie, werden Jahresringe sichtbar. Im Rhythmus der Jahreszeiten lagerte sich das Knochenmaterial ab, je nachdem wie viel Futter die Tiere fanden. Doch den Biologen zeigen sie vor allem, wie lange die größten bekannten Vögel der Erdgeschichte brauchten, um auf ihre Körpergröße von bis zu zwei Metern zu kommen. Ein Forscherteam hat jetzt herausgefunden, dass ein Moa bis zu zehn Jahre lang wuchs. Das sei auch im Vergleich zu anderen ausgestorbenen Vogelrassen extrem lang ... Vögel, die heute die Erde besiedeln, haben bereits nach einem Jahr ihre volle Größe erreicht."

www.spiegel.de/wissenschaft/natur/0,1518,360504,00.html vom 16.06.2005, Febr. 2012

18 Nur noch als Zeichnung in alten Büchern – der Moa

Plazentalier
Der Embryo von Plazentaliern wird im Muttertier über die Plazenta versorgt. Demgegenüber wird bei Beuteltieren der Nachwuchs sehr früh geboren und die wenig entwickelten Föten wachsen dann in einem Hautsack des Muttertieres heran, in dem sich die Zitzen befinden.

13 Beschreiben Sie die besonderen Evolutionsbedingungen Australiens.
14 Nehmen Sie zu der These Stellung, ob und inwieweit Evolution eine Laune der Natur ist.
15 Recherchieren Sie einzigartige australische Tiere und stellen Sie eines in einem Kurzporträt vor.

19 Das Ende prähistorischer Riesenbeuteltiere

Mit großer Wahrscheinlichkeit waren die sich in der Steinzeit ausbreitenden Menschen Schuld am Verschwinden dieser Art, die fast drei Millionen Jahre Australien bevölkerten. Die Rede ist vom Diproton, einem Drei-Tonnen-Beuteltier, das vor etwa 50 000 Jahren ausstarb. Es fraß kein Fleisch, aber was immer ihm in den Weg trat, wurde zu Tode getrampelt: In Queensland wurde nun das erste vollständige Skelett dieses prähistorischen Riesenbeutlers gefunden, der fast so groß war wie ein Nashorn. Es ist eine Sensation, dass alle Knochen gefunden wurden. Nun erhoffen sich die Wissenschaftler neue Erkenntnisse über das Urwombat, das als Riesenweidetier ein Zeitgenosse der frühen Aborigines war und durch ihre Jagd vermutlich ausgerottet wurde.

20 Der Kaninchen-Dingo-Zaun irgendwo in Neusüdwales

Bedrohte Artenvielfalt
Die Isolation Australiens war für die Evolution ein Segen, doch seit der Entdeckung durch die Europäer und die damit verbundene Einwanderung ist dieses Paradies in großer Gefahr: Eingeschleppte Tierarten sind eine hohe, zuweilen auch extreme Bedrohung für die einzigartige Flora und Fauna des Kontinents. Viele Tiere, die durch die Einwanderer nach Australien kamen, haben ebenso zur Zerstörung der Vegetation wie zur Verdrängung und Ausrottung einheimischer Tierarten beigetragen. Pferde, Ratten, Rotfüchse und besonders Kaninchen vermehrten sich sehr stark, da sie kaum natürliche Feinde hatten. Dadurch wurden sie zu Futterkonkurrenten einheimischer Tiere. Das räuberische Verhalten eingeschleppter Katzen und Füchse wird dafür verantwortlich gemacht, dass mehr als 90 % der einheimischen Beuteltiere in den letzten Jahrzehnten verschwunden sind.

Der Kaninchen-Dingo-Zaun. Im Jahre 1880 bauten die Australier zum Schutz vor der damaligen Kaninchenplage einen ersten Zaun durch den Bundestaat Queensland. Die Schafzüchter sahen in den Kaninchen eine gewaltige Futterkonkurrenz ihrer Schafherden.

Knapp 40 Jahre später waren es erneut die Schafzüchter, die diesen Zaun zum Schutz gegen wildernde Dingos umbauten und erweiterten. Er erstreckte sich damals von Dalby in Queensland bis zur Großen Australischen Bucht im Bundesstaat Südaustralien auf einer Länge von 8 500 km. Bis heute wird die Instandhaltung des Zaunes finanziell unterstützt. Mehr als 20 Arbeiter kontrollieren, flicken und erneuern den bis zu 2,50 m hohen und fast durchgängig 30 cm tief eingegrabenen Dingozaun – und das mit Erfolg: Der Zaun hat die Ausbreitung des Dingos nach Neusüdwales und in das südliche Südaustralien verhindert. Sein Fehlen hat dort eine reiche Tierwelt mit den typischen einheimischen Gattungen bewahrt.

Kampf den Invasoren. Die Australier kämpfen heute mit allen Mitteln gegen die Übermacht der sich immer weiter ausbreitenden tierischen Neu-Australier. Für viele Naturschützer ist es ein verzweifelter Kampf um den Erhalt der einheimischen Artenvielfalt.

16 Beschreiben Sie die Auswirkungen der Einführung neuer Tierarten nach Australien für die einheimische Tierwelt.
17 Begründen Sie die Gegenmaßnahmen.

21 **Wilde Kamele an einer Wasserstelle im australischen Outback**

„Bedrohung" Mensch.

22 **Düstere Aussichten für den Koala**

„Mit dem Koala ist auch eine der bekanntesten Tierarten Australiens bedroht. Hauptverantwortlich ist hier allerdings der Mensch. Zwar sind die friedlichen Vegetarier auch eine beliebte Beute von Hunden, aber die größte Bedrohung der Koalas ist der Verlust ihres Lebensraums: z.B. durch Straßen- und Städtebau an der Ostküste. Obendrein leiden die Tiere unter einer der schlimmsten Dürreperioden des Jahrhunderts. Die daraus resultierenden, mörderischen Buschfeuer zerstörten Millionen Hektar Lebensraum.
Im Bundesstaat Queensland ‚hatten wir den Koala auf der Liste der bedrohten Tierarten, die innerhalb von zehn Jahren auszusterben drohen', sagt Deborah Tabart, Chefin der Australia Koala Foundation. Doch das könnte mittlerweile schon in sieben Jahren passieren. Und da in Queensland die landesweit größten Koala-Populationen zu finden seien, heiße das nichts Gutes für die Zukunft dieser Tierart auf dem gesamten Kontinent. Schon in den 1920er Jahren waren die Tiere wegen der Pelzjagd fast ausgerottet."

AFP/OC, auf www.welt.de/wissenschaft/article822924/Fuer_Australiens_Koalas_wird_es_immer_bedrohlicher.html, vom 20.04.2007, März 2012

„Bedrohung" Tier.

23 **Kamele belagern australisches Dorf**

„Die Natur schlägt irgendwann zurück, wenn Menschen zu stark in ihre Abläufe eingreifen ...: Im Norden Australiens sind wilde Kamele in ein 350-Seelen-Dorf Docker River eingefallen, das von Wüste umgeben ist. Die Tiere waren nach der wochenlangen Dürre auf der verzweifelten Suche nach Wasser. Als sie nirgendwo anders eine Stelle fanden, um ihren Durst zu löschen, machten sie sich schließlich über die Ablaufrinnen der Klimaanlagen auf den Dächern und über Abwasserrohre her. Sie trampelten Zäune nieder und zerstörten Tanks. Es sollen inzwischen 6000 Tiere sein, die das kleine Dorf belagern und von der Umwelt abgeschnitten haben: Sie machen Starts und Landungen auf dem Mini-Flughafen des Dorfes unmöglich und behindern damit auch die im australischen Hinterland üblichen Krankentransporte per Flugzeug.
Die Tiere sollen deshalb in der kommenden Woche von Hubschraubern rund 15 Kilometer außerhalb der Ortschaft zusammengetrieben werden, wo sie dann erschossen werden sollen. Ihre Kadaver sollen in der Wüste verwesen. Ein wenig absurd ist an der Kamelplage, dass die Tiere ursprünglich gar nicht in Australien vorkamen. Man hat sie vor 170 Jahren ins Land gebracht, weil sie Lasten durch die Wüste transportieren sollten. Diese Aufgabe haben inzwischen längst Autos übernommen. Man ließ die Kamele einfach in die Wildnis frei, wo sie sich ungehindert vermehren: Die australischen Kamele gelten als größte Herde der Welt. Sie verdoppelt sich nach Schätzungen alle sieben Jahre. Inzwischen ist ihre Zahl auf über eine Million angewachsen."

http://nachrichten.t-online.de/wilde-kamele-terrorisieren-dorf-in-australien/id_20687202/index vom 25.11.2009, März 2012

24 **Deprimierende Artenschutzbilanz**

Artenschutzbilanz
- Kein anderes Land der Welt verlor im vergangenen Jahrzehnt gleich zwei Säugerarten: den Mala, auch Rotes Hasenwallaby genannt, und den Östlichen Langnasenbeutler.
- Zwanzig von sechzig Arten, die seit dem Jahr 1500 ausgestorben sind, waren nur in Australien heimisch.
- 18 ausgestorbene Säugetierarten sind die Bilanz von 200 Jahren Siedlertum, sechs davon gehören zur Kängurugattung.
- 45 Säugetierspezies Australiens sind heute vom Aussterben bedroht – ein trauriger Weltrekord.
- Mehr als die Hälfte der Tiere, die heute auf der Liste der bedrohten Arten stehen, leben in Australien.
- Einige Experten sagen voraus, dass in den nächsten 25 Jahren weitere hochgefährdete Tierarten verschwinden werden.

18 Nehmen Sie zu der These Stellung, dass die Evolution für die Verdrängung von Arten verantwortlich ist.

19 Beurteilen Sie die australischen Bemühungen zum Artenschutz.

25 Artenvielfalt ohnegleichen

Die Anpassung an äußerst verschiedene Lebensräume hat zu einer biologischen Vielfalt ohnegleichen geführt: Neben den 400 Korallenarten leben im Riff rund 4000 verschiedene Muscheln und Weichtiere, 1500 Fisch- und 23 Meeressäugerarten.

26 Das Große Barriereriff

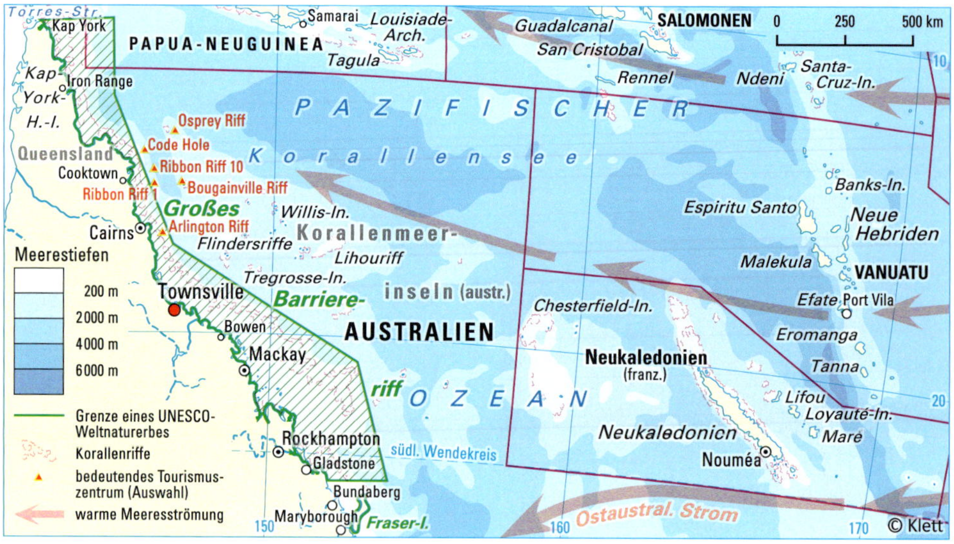

Wie Winzlinge Gebirge bauen

Kapitän James Cook war schon wochenlang in sicherem Abstand an der unerforschten australischen Ostküste entlanggesegelt, als seine Endeavour am 11. Juni 1770 plötzlich auf Grund lief – und erst jetzt wurde dem bedeutendsten Seefahrer seiner Zeit klar, dass er sich keineswegs auf dem offenen Meer, sondern in einem gigantischen Riffkanal befand. Cook (1728–1779) hatte den größten Riffkomplex der Erde, einen monumentalen Verband aus 2900 Einzelriffen entdeckt, der sich über rund 2000 km Länge und 300 km Breite vor der Ostküste Australiens erstreckt: Das Große Barriereriff. Es ist das Werk millimeter- bis zentimetergroßer Korallenpolypen, von denen 400 verschiedene Stein- und Weichkorallenarten hier leben. Für den Aufbau des **Riffs** sind Stein- oder Riffkorallen verantwortlich, in Symbiose mit Kohlenhydrat produzierenden Algen. Sie bilden ein Kalkskelett, das mit ihrem Tod ein weiterer winziger Baustein des Riffs wird.

Korallen gedeihen am besten knapp unter dem Wasserspiegel, wo das Meer von Sonnenlicht durchflutet ist; unterhalb von 80 m können sie nicht leben.

Unter idealen Bedingungen sind Korallen überaus fleißige Baumeister: 0,5 bis 2,8 cm wächst ein Riff pro Jahr.

Werden ...

Das heutige Riff ist etwa 8000 Jahre alt. Es fußt auf einem mächtigen Sockel aus Korallenkalk, dessen älteste Teile schon vor 600000 Jahren entstanden, was von konstant guten Wachstumsbedingungen zeugt. Vor der Ostküste Australiens finden Steinkorallen in erster Linie klares, warmes und sonnendurchflutetes Wasser mit idealen Temperaturen zwischen 26 und 28 °C. Der Ost-Australstrom führt warmes Meerwasser aus dem Südpazifik an der australischen Ostküste vorbei und lässt so Korallen bis weit in den kühleren Süden hinein gedeihen. Die tieferen und kälteren Wassermassen aus der Korallensee unmittelbar vor dem Riff liefern dagegen das nötige Kalziumkarbonat. Die starke Strömung und der große Tidenhub von über drei Metern sorgen dafür, dass das Wasser kräftig durchmischt wird.

Das Wasser weist zudem einen hohen Salz- und Kalkgehalt auf, der für das Korallenwachstum erforderlich ist. Und da nur wenige Flüsse im Riffbereich ins Meer münden, wird das Wasser dort kaum eingetrübt und bleibt relativ nähr- und schadstoffarm, was die Vermehrung von Fressfeinden in Grenzen hält. Auch der geologische Untergrund kommt dem Riffwachstum zugute. Dem sanft abfallenden Kontinentalschelf der australischen Ostküste sitzen mehrere parallel zur Küste verlaufende Rücken auf.

27 Schrägluftbild Großes Barriereriff

28 Vereinfachter Querschnitt durch ein Riff

Nach Oliver Arndt: Malediven. Geographie eines Inselstaates. Hamburg u. a.: LIT 206

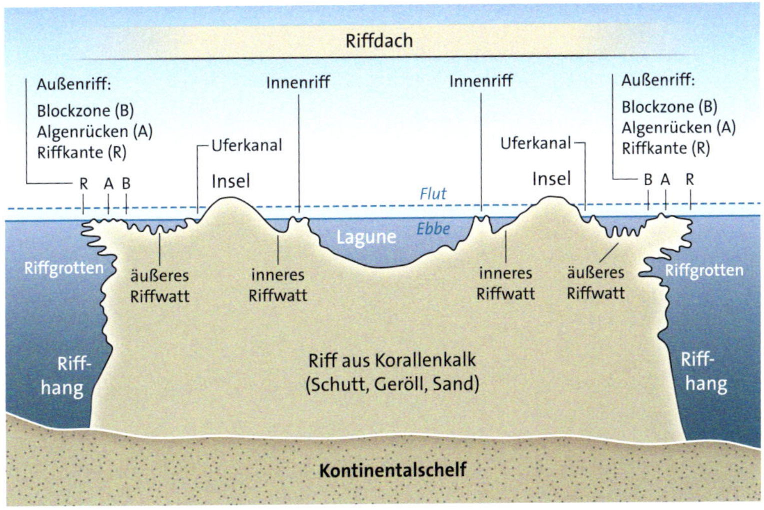

... und Vergehen

Die Korallen reagieren sehr empfindlich auf Veränderungen ihrer Umgebung. Steigt beispielsweise die Wassertemperatur auch nur minimal an, verlassen die Algen die Polypen: In der Folge bleichen die Korallen aus und sterben ab. Auch wenn kein frisches Meerwasser mehr zum Zentrum eines Riffs gelangt, sterben dort die Korallen ab. Einspülungen durch Flüsse von nährstoffbeladenem Boden, Düngemittel, Pestizide aus der Landwirtschaft und Abwässer sind sehr schädlich für Rifforganismen und damit für das gesamte Riff.

Steigt der Meeresspiegel langsam an, können sie das Riff kontinuierlich ausbauen; steigt er allerdings rasch, so sterben sie aus Mangel an Licht. Und auch wenn er sinkt und das Riffdach trockenfällt, ist das Schicksal der oberen Korallenstöcke besiegelt. Fallen sie dauerhaft trocken, verwandeln sie sich in Koralleninseln, die sich mit Korallenschutt, Kalk und Sand füllen. Zuletzt werden sie auch von den Pflanzen erobert.

Alle Formen von – natürlichen oder anthropogen bedingten – Klimaschwankungen mit den entsprechenden Folgeerscheinungen wie häufigere und stärkere Wirbelstürme, Überschwemmungen durch Starkregen oder **Meeresspiegelanstieg** wirken sich direkt oder indirekt schädigend auf die Korallenriffe aus. So ist – trotz seines nach wie vor in weiten Teilen intakt aussehenden Zustands und den umfangreichen Schutzbemühungen Australiens – das größte, faszinierendste und vermutlich auch widerstandsfähigste Korallenriff der Welt einer zunehmenden Gefährdung ausgesetzt.

29 Korallen

20 Beschreiben Sie ein Riff als Reliefform.

21 Stellen Sie dar, welches die Voraussetzungen für die Entstehung des ausgedehnten Riffkomplexes vor der ostaustralischen Küste sind.

22 Recherchieren Sie im Internet Gefahren für die Zukunft des Barriereriffs.

23 Das Große Barriereriff ist ein Touristenmagnet Australiens. Nehmen Sie Stellung zu den Chancen und Risiken des dortigen Tourismus.

2.3 Die Wirtschaft Australiens

30 Australien – Landwirtschaftliche Nutzung

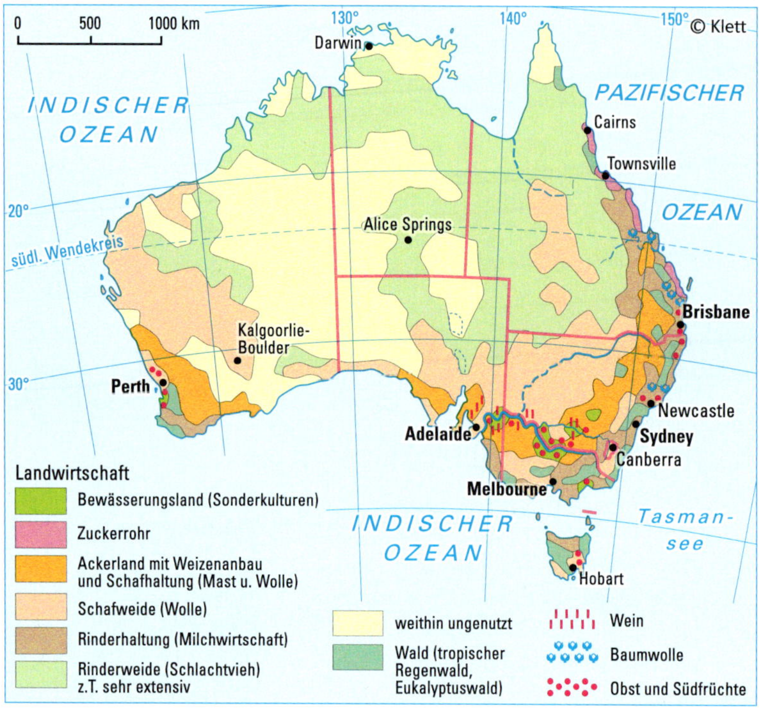

31 Landwirtschaftseckdaten Australiens

Nach Australian Bureau of Statistics, Australian national accounts: National income, expenditure and product; Agricultural commodity statistics; jeweils versch. Jg.

Jahr	Anteil am BIP (%)	Anteil am Export (%)	Beschäftigte (1 000)
1970	43,5	49,4	401
1980	11,5	42,8	367
1990	4,0	24,8	387
2000	3,1	25,0	373
2005	1,9	18,1	300
2010	2,2	13,2	307

32 Entwicklung der australischen Milchfarmen

Australian Bureau of Agricultural and Resource Economics and Sciences, Australian farm survey results 2011

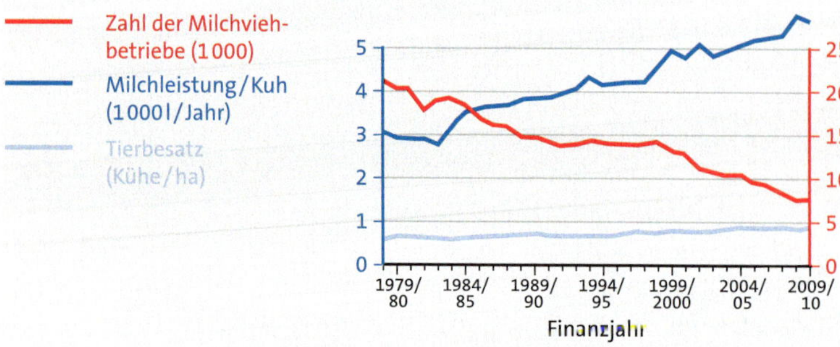

Agrarwirtschaft mit zwei Standbeinen

33 Gewinn nach Steuern und Einnahmen australischer Großfarmen nach Erzeugnisgruppen

Nach ebenda

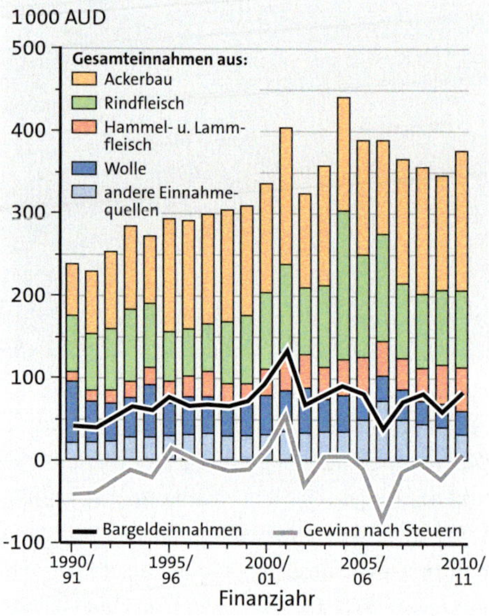

Australiens Landwirtschaft ist sowohl national als auch international von großer Bedeutung. Zwar eignen sich nur etwa 7% des Landes als landwirtschaftliches Anbaugebiet, dennoch werden etwa 61% der Gesamtfläche des Kontinents landwirtschaftlich genutzt. Das meiste davon ist Weideland, wobei nur wenige dieser Weideflächen intensiv genutzt werden können. Die australische Landwirtschaft ist in mehrfacher Hinsicht extrem: die Farmen haben riesige Ausmaße, der Technisierungsgrad und die Intensivierung sind sehr hoch, Ausweitungsmöglichkeiten gibt es wegen ökologischer Schäden und der Ertragseinbußen infolge von Dürrekatastrophen kaum noch. Auch ist es in den letzten Jahren zum Verlust von Arbeitsplätzen gekommen.

24 Beschreiben Sie die Verbreitung der landwirtschaftlichen Nutzfläche in Australien.

25 Erklären Sie die räumliche Verteilung der landwirtschaftlichen Nutzung.

Material
Entwicklung austr. Rinder- und Schafbestände
104113-2301

Extensive Weidewirtschaft
Der Großteil der Landwirtschaftlichen Nutzfläche Australiens wird von der Weidewirtschaft beansprucht. Einige der sogenannten „stations" sind größer als manch europäisches Land. Da der Großteil offenes Weideland ist, auf dem die Tiere frei herumziehen können, werden die Tiere mit Motorrädern, Jeeps oder sogar von Helikoptern aus zusammengetrieben. Nahezu das gesamte Weideland, das extensiv genutzt wird, ist Pachtland. Das im 19. Jh. eingeführte Pachtsystem gilt in allen Staaten Australiens bis heute. Wenn demnach ein Pächter statt Viehwirtschaft Ackerbau betreiben will, muss er den alten Pachtvertrag aufgeben und das Land neu erwerben.
Ungefähr 85 % der Schafe sind Merinos, die meist im Landesinneren gehalten werden. Der Schafbestand auf dem Kontinent ist schwankend. Nach einem Dürrejahr können es leicht ein paar Hunderttausend Tiere weniger sein.
Inzwischen werden Computerprogramme wie LambAlive und SummerPack verwendet. Diese ermöglichen beispielsweise Berechnungen zu Zeitpunkt und Menge von Zusatzfütterung in trockenen Gebieten oder zum Niveau der Sterblichkeit der Lämmer bzw. zur Vorhersage von Schafverlusten.

35 Zufüttern im Dezember

Probleme. Der hohe Nutztierbestand hatte und hat enormen Einfluss auf die Veränderung der ursprünglichen Lebensräume in Australien. Millionen Rinder und Schafe richten in einem labilen Ökosystem auf dem trockenen Boden unübersehbare Schäden an. Zudem wurden durch die vielen Wasserlöcher, die für die Viehwirtschaft angelegt wurden, verstärkt Wildtiere angezogen. Es kam zu einer explosionsartigen Vermehrung großer Känguruarten, die als Nahrungskonkurrenten beim Futter von den Farmern bejagt und teilweise sogar ausgerottet wurden. Dabei zertrampeln diese Tiere mit ihren weicheren Pfoten den Boden nicht, wie es bei Huftieren der Fall ist, die in diesem Raum ursprünglich gar nicht vorkamen.

Die weltweit größte Rinderfarm ist die Anna Creek Station im Outback Südaustraliens mit 6 Mio. acres (34 000 km²).
Zum Vergleich: Staatsfläche Belgiens 32 545 km²

36 Exportzielländer der australischen Viehwirtschaft 2010
Nach [Australian] Department of Foreign Affairs, S. 42–43

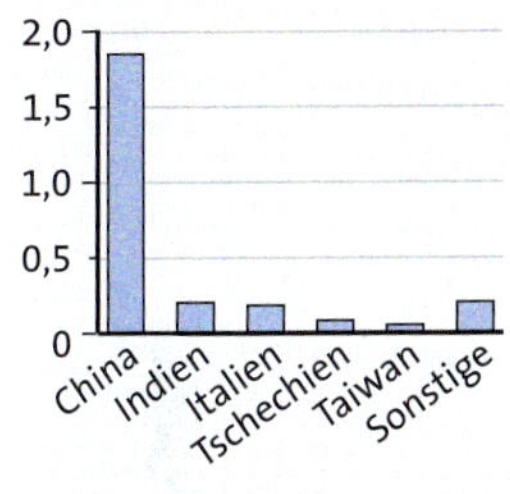

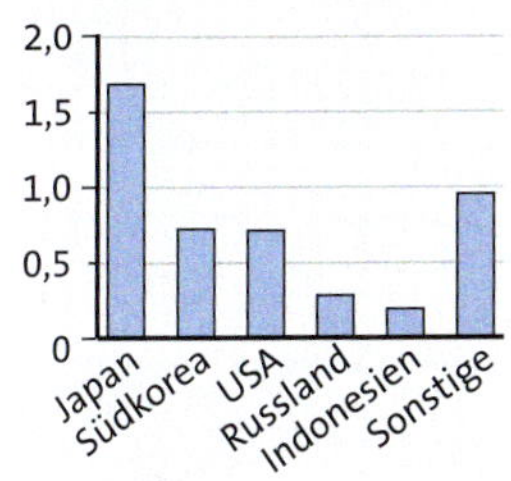

34 Exportstruktur der australischen Viehwirtschaft
Nach ebenda

Schafe und Rinder – Lebendtiere

	Schafe				Rinder			
	Zahl (1 000)	Bruttogewicht (1 000 t)	Gesamterlös (1 000 AUD)	Erlös/Tier (AUD)	Zahl (1 000)	Bruttogewicht (1 000 t)	Gesamterlös (1 000 AUD)	Erlös/Tier (AUD)
2004–05	3 233,2	166,1	206 678	69,3	573,7	191,7	374 060	652,0
2005–06	4 247,7	209,5	291 452	68,6	548,8	182,7	357 793	652,0
2006–07	4137,9	198,8	288697	69,8	638,0	216,1	437427	685,6
2007–08	4 069,0	197,0	286 442	70,4	713,3	241,2	450 511	631,6
2008–09	4 063,5	199,0	339 048	83,4	857,7	286,0	563 770	657,3

Wolle

	Merinowolle (1 000 t)	andere Wollsorten (1 000 t)	insgesamt (1 000 t)	Gesamterlös (Mio. AUD)
2004–05	475,2	44,4	519,6	2 195,5
2005–06	486,7	47,4	534,1	2 053,9
2006–07	450,5	51,8	502,3	2 281,6
2007–08	407,9	50,9	458,8	2 309,0

37 Top Ten der Weltweizenproduzenten (in Mio. t)

Nach U.S. Census Bureau, Statistical Abstract of the United States: 2012faostat.fao.org, ergänzt

	2011	1980
China	115,1	55,2
Indien	80,8	31,8
USA	60,1	64,8
Russland	41,5	92,5
Frankreich	33,4	23,8
Deutschland	24,2	11,3
Pakistan	23,9	10,9
Kanada	23,2	19,3
Australien	26,0	10,9
Türkei	17,0	16,6
Welt insgesamt	**648,1**	**440,2**

38 Top Five der Weltweizenexporteure (in Mio. t)

Berechnet nach U.S. Department of Agriculture, Production, Supply, & Distribution, electronic database, at www.fas.usda.gov/psdon line, updated 9 December 2011, und faostat.fao.org, März 2012

	2011	1980
USA	25,2	35,8
Australien	21,5	14,9
Russland	19,0	1,3
Kanada	18,0	17,0
EU-27	17,0	
Welt insgesamt	**138,7**	**89,9**

Seite 21
El Niño und seine Verwandten

Seite 87–89
Landwirtschaftsdaten Neuseeland

39 Australien senkt wegen der Weltkonjunktur den Ausblick für Agrarexporte

„Die australische Regierung hat den Ausblick für die Erlöse der Agrar-Exporte des Kontinents aufgrund der sich abschwächenden Weltkonjunktur leicht nach unten gesetzt. Das australische Landwirtschaftsministerium erwartet in der Saison bis zum 30. Juni 2012 Erlöse in den Bereichen ‚Farmwirtschaft, Wald und Fischerei' in Höhe von 38,4 Milliarden AUD. Die bisherige Prognose hatte bei 38,6 Milliarden AUD gelegen, nach 36,1 Milliarden AUD in der Saison 2010/11. Die Exporterlöse im Bereich der Farmen (Getreide und Vieh) sollen 34,5 Milliarden AUD erreichen. Die Forstwirtschaft und Fischerei sollen 3,9 Milliarden AUD erlösen.
‚Die Schwellenländer, insbesondere Asien werden die Weltkonjunktur weiter stützen. Die Schwäche liegt in einigen OECD-Staaten und wird durch die Schuldenkrise hervorgerufen', kommentierte die Behörde die leichte Abwärtsrevision ihrer Schätzungen."

http://nachrichten.finanztreff.de vom 13.12.2011, März 2012

40 Entwicklung der australischen Weizenproduktion nach Bundesstaaten

Nach www.ausgrain.com.au/Back%20Issues/177ybgrn08/30_Wheat.pdf, März 2012

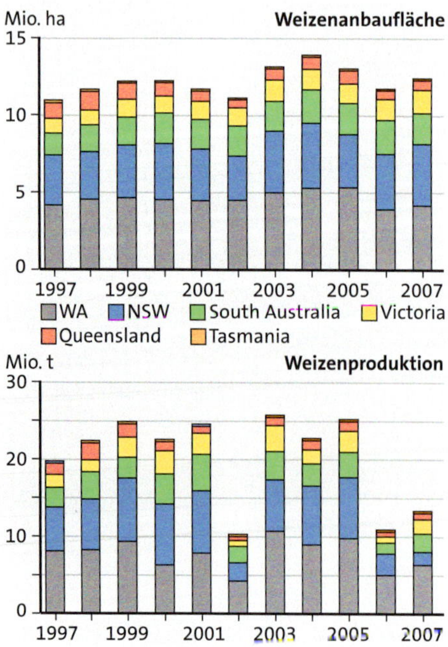

Getreideanbau an der agronomischen Trockengrenze

Eine wesentliche Voraussetzung für die Erschließung der australischen Weizenanbaugebiete war der Goldboom, da mit ihm ein Anstieg der Bevölkerungszahlen und damit auch eine entsprechende Nachfrage verbunden waren. Begünstigt wurde die weitere Entwicklung des Weizenanbaus zudem durch die in der Blütezeit vorgenommene verkehrsmäßige Erschließung. In Gebieten, in denen die Wasserversorgung auch in den Sommermonaten gesichert war, gingen die Farmer, die zunächst nur Weizen anbauten, dazu über, den Weizenanbau mit Grünland und Schafhaltung zu kombinieren. In den übrigen Teilen des Weizengürtels wird Weizen als **Monokultur** angebaut. Hier ist nach einem Anbaujahr entweder eine längere Brachezeit erforderlich oder der Anbau muss differenzierter erfolgen. In diesen trockenen Zonen ist folglich mit größeren Schwankungen der jährlichen Erträge zu rechnen.

Die australische Landwirtschaft ist nicht nur den Einflüssen der Entwicklungen auf dem Weltmarkt ausgesetzt, sondern steht auch im eigenen Land enormen Herausforderungen gegenüber, wie z. B. Bodenversalzung ohne Bewässerung, Bodenversauerung und Dürren. Die **agronomische Trockengrenze** liegt nämlich im Süden bei 250 mm Jahresniederschlag und im Norden bei 600 mm Niederschlag, da hier die Niederschläge in der heißen Jahreszeit fallen. Ernteeinbußen ergeben sich aufgrund jahreszeitlicher Schwankungen und wegen der Auswirkungen der Zirkulationsverhältnisse im pazifischen Raum mit ihren mehrjährigen Dürreperioden.

Mit der Besiedlung der Europäer hat sich auch die Vegetation verändert. Der Schaffung von Flächen für Landwirtschaft, Industrie, Transport und Besiedlung fielen über 90 % der einheimischen Vegetation in der östlichen gemäßigten Zone zum Opfer, über 50 % der australischen Regenwälder wurden gerodet. Damit wurde der Anteil der bewaldeten Flächen um mehr als ein Drittel reduziert. Die Auswirkungen dieser Veränderungen sind beträchtlich, denn dadurch sind rund 5 % der höheren Pflanzen, 7 % der Reptilien, 9 % der Vögel, 9 % der Süßwasserfische, 16 % der Amphibien und 23 % der Säugetiere

41 Bewässerungsfläche Australiens (in Mio. ha)

Nach Year Book Australia 2009 – 10, S. 486

	1992	2008
Weide	1 081	757
Getreide	275	341
Gemüse	93	114
Obst	120	129
Zuckerrohr	146	197
Sonstiges	356	314
insgesamt	**2 071**	**1 852**

42 Erlös australischer Agrarprodukte (in Mio. AUD)

Nach Agricultural commodity statistics 2011, S. 17

	2004	2006	2008	2010
Weizen	3 488	2 765	5 028	5 526
Gerste	1 275	833	1 321	1 295
Hafer	36	20	64	37
Hirse	96	13	405	146
Reis	173	347	143	199
Kichererbsen	65	168	275	213
Raps	397	108	595	855
Baumwollsamen	55	31	19	85
Baumwolle	771	823	500	1 367
Zucker	1 098	1 510	1 338	1 492
Wein	2 748	2 990	2 428	1 957
Gartenbau	1 213	1 211	1 384	1 248
Sonstige	2 271	2 272	3 501	3 285
insgesamt	**13 686**	**13 091**	**17 001**	**17 705**

43 Schwankungen der Marktanteile beim Weltweizenexport (in %)

Nach United States Department of Agriculture, auf www.ers.usda.gov/briefing/wheat/Gallery/trade/ExportShare.jpg, März 2012

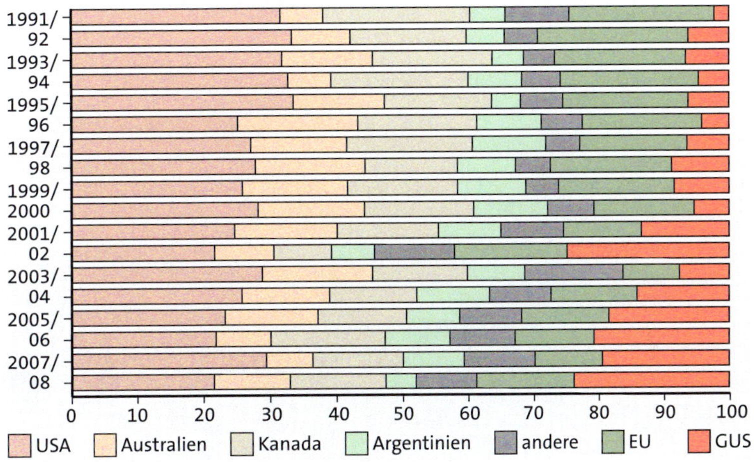

44 Degradierte Bodenfläche weltweit (in Mio. ha)

Nach Wissenschaftlicher Beirat der Bundesregierung Globale Umweltveränderungen: Welt im Wandel – Die Gefährdung der Böden. Bonn: Economica Verlag 1994, S. 4, aktualisiert

Region	Überweidung	Entwaldung	Falsche Bewirtschaftung	Andere	Gesamt	Anteil degradierter Fläche an vegetationsbedeckter Fläche (%)
Asien	197	298	204	47	746	20
Afrika	243	67	121	63	494	22
Südamerika	68	100	64	12	244	14
Europa	50	84	64	22	220	23
Nord- und Mittelamerika	38	18	91	71	158	8
Ozeanien	83	12	8	0	103	13
weltweit	**679**	**579**	**552**	**155**	**1965**	**17**

Australiens ausgestorben bzw. gelten als extrem bedroht. Die australische Öffentlichkeit hat das Ausmaß der verursachten ökologischen Schäden erst gegen Ende der 1980er-Jahre zur Kenntnis genommen, obwohl die Farmer bereits vor rund 150 Jahren mit Ertragseinbußen zu kämpfen hatten. Diese konnten allerdings durch einen verstärkten Düngemitteleinsatz und verbesserte Methoden der Landnutzung aufgefangen werden.

26 Erläutern Sie die Entwicklung und Bedeutung der australischen Landwirtschaft.

27 Erläutern Sie die Entwicklung des Exportertrages aus der australischen Landwirtschaft.

28 Stellen Sie die Rahmenbedingungen der landwirtschaftlichen Nutzung in Australien dar.

29 Vergleichen Sie die Auswirkungen der landwirtschaftlichen Nutzung in Australien mit denen in anderen Regionen der Erde.

30 „Wenn Australiens Landwirtschaft niest, erkältet sich der Weltgetreidemarkt.“ Nehmen Sie Stellung zu dieser Aussage.

Murray-Darling-Becken – Perspektiven des größten australischen Landwirtschaftsgebietes

45 Alle Hähne offen

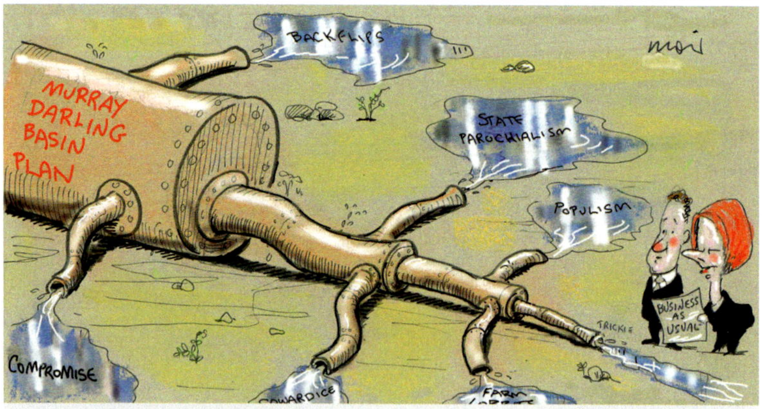

„Unser Problem ist nicht Wassermangel, sondern falsche Verteilung und fehlende Aufbereitung ... Wenn Australien das nicht lerne, werde Wassermangel in Zukunft die bedeutendste Bremse nicht nur der Land-, sondern der gesamten nationalen Wirtschaft."

Tony Priestley, Leiter Wasserversorgung, Staatliche Behörde für wissenschaftliche und industrielle Forschung (CSIRO), in Hamburger Abendblatt vom 19. 06. 2008

46 Anglerheim abgerissen

Das Murray-Darling-Becken mit einer Fläche von mehr als 1 Mio. km² ist Australiens größtes Flusssystem. Die Landschaft ist geprägt von ausgedehnten Ebenen und großen hügeligen Bereichen. Hier fließen die drei längsten Flüsse Australiens, der Murray River (2 375 km), der Darling River (2 844 km) und der Murrumbidgee River (1 579 km).

Das Murray-Darling-Becken ist ein im Südosten Australiens gelegenes landwirtschaftlich einträgliches Gebiet, dessen natürliche Wassermengen allerdings nicht ausreichen. Es erstreckt sich von Queensland, Neusüdwales, Victoria, dem Hauptstadtterritorium bis Südaustralien. Damit umfasst es ein Siebentel des Kontinents und versorgt mehr als zwei Millionen Menschen, die am Fluss leben, sowie eine weitere Million Menschen, die außerhalb der Region leben. Vom Murray-Darling-System hängen durchschnittlich rund 40 % der Wertschöpfung der australischen Landwirtschaft ab, insbesondere der Obst-, Gemüse- und Weinanbau, aber auch der Ackerbau und die Viehwirtschaft.

47 Anhaltende Trockenheit bedroht Australiens Landwirtschaft

„[Nirgendwo] bekommen die Australier den Klimawandel immer stärker zu spüren wie im Murray-Darling-Becken. Die Landwirtschaft wird sich umstellen oder sogar abwandern müssen, kann sich Atmosphärenforscher Cowan ausmalen. ‚Es gab bereits eine parlamentarische Anfrage, ob man nicht die Landwirtschaft aus dem Südosten des Kontinents in den Nordwesten verlegen sollte. Dort herrscht tropisches Klima. Es gibt Regen- und Trockenzeiten, und Niederschlage fallen viel verlässlicher als im Süden. Tendenziell haben sie im Norden sogar zugenommen. Deswegen denkt man in Australien zunehmend darüber nach, die Landwirtschaft umzusiedeln – vom trockenen Südosten in den feuchten Nordwesten."

Aus Volker Mrasek: Dürre Aussichten. In: dradio.de vom 15. 12. 2009, gekürzt

48 Pastures and crops irrigated, Murray-Darling Basin

ABS, Water use on Australian farms 2009–2010, S. 18, auf: www.abs.gov.au/AUSSTATS/abs@.nsf/DetailsPage/4618.02009-10?OpenDocument. Febr. 2012

	2005–06	2007–08	2009–10
pasture			
– for grazing	2 022	657	722
– for hay	649	341	221
Rice	1 252	27	54
other cerales for grain / seed	624	805	469
Cotton	1 574	282	764
other broadacre crops	118	85	47
Fruits / nuts	413	356	450
Vegetables for human consumption	152	124	129
Nurseries, out flowers and cultivated turf	12	9	8
Grapevines	515	434	428

31 „Business as usual" heißt es in der Karikatur 45. Erläutern Sie diese Aussage.

32 Erörtern Sie Perspektiven der landwirtschaftlichen Nutzung im Murray-Darling-Becken (M 46–49).

Material
Eukalyptus in der austr. Fortswirtschaft
104113-2303

49 Eyrehalbinsel: Mallee-Eukalyptus

Farmer als Klimaretter?

Buschbrände gehören fast zum Alltag in Australien. Betroffen sind u.a. auch die Eukalyptuswälder. Dabei wird in die Eukalyptuswälder große Hoffnung gesetzt. Einerseits sollen sie einen Beitrag zur Lösung des CO_2-Problems leisten, indem sie Treibhausgase binden.

Andererseits setzt die Forschung darauf, aus Eukalyptus durch spezielle Verfahren Biokerosin für die Luftfahrt herstellen zu können.

Der Anteil der Landwirtschaft an der Gesamtmenge der australischen CO_2-Emissionen liegt bei 16 %, wobei fast die Hälfte des CO_2-Ausstoßes einer Farm auf Düngemittel zurückgeht, 38 % entfallen auf Dieseltreibstoff sowie 7 % auf verschiedene Maschinen. Zur Minimierung dieses Anteils ist geplant, den Farmern für die Einlagerung von CO_2 im Boden Zuschüsse zu gewähren. Eine Maßnahme, die von den Farmern allerdings als nicht besonders attraktiv beurteilt wird. Geändert werden muss in erster Linie die Arbeitsweise. Dazu gehört z.B., dass die Stoppeln nach der Ernte nicht mehr abgebrannt werden, sondern auf den Feldern bleiben. Dadurch reduziert sich die Oberflächenverdunstung, was wiederum auf lange Sicht gut für die Bodenqualität ist.

Die zunehmende Bedeutung von Biotreibstoff eröffnet australischen Landwirten durch den Anbau von Raps weitere Möglichkeiten auf dem internationalen Markt aktiv zu werden. Seit 2010 ist der Anbau von gentechnisch verändertem Raps erlaubt. Farmer und Naturschutzorganisationen befürchten, dass innerhalb der nächsten 10 Jahre der Anbau von nicht gentechnisch behandelten Pflanzen nicht mehr möglich sein wird. Gentech-Raps verwildert bis zu 20 km entfernt liegende Anbaufelder.

50 Australiens Landwirte werden CO_2-Farmer

„Australische Landwirte können künftig mit der Vermeidung oder Festlegung von klimaschädlichen Gasen Geld verdienen. Ab Dezember 2011 werden die Landwirte Gutschriften für vermiedene Methanemissionen aus der Tierhaltung oder für die Bindung von Kohlendioxid im Boden und in Bäumen verkaufen können. Als Abnehmer für die Verschmutzungsrechte kommt in erster Linie die Industrie in Frage, die einen Teil ihrer klimaschädigenden Emissionen durch Zertifikate abdecken muss."

aiz auf www.agrarheute.com/australien-434223 vom 25.08.2011, gekürzt, Mai 2012

51 Top Ten der Weltrapsproduktion

Nach www.fao.org, Febr. 2012

Gesamterträge (Mio. t)		Hektarerträge (kg/ha)	
China	1,308	Niederl.	4377,3
Kanada	1,187	Chile	4000,2
Indien	6,410	Deutschl.	3899,3
Deutschl.	5,698	Belgien	3687,5
Frankreich	4,816	Dänemark	3482,3
Großbrit.	2,230	Großbrit.	3415,0
Australien	2,181	Türkei	3408,4
Polen	2,078	Luxemb.	3371,2
Ukraine	1,470	Frankreich	3286,5
USA	1,114	Österreich	3170,5
		Australien	1261,1

52 Eukalyptus vollbringt grünes Wunder

„Von der äußeren Rinde führen Stränge in den Baum, die zum Leben erwachen, wenn bestimmte Hormone durch die feurige Hitze aktiviert werden. Auf diese Weise werden junge Knospen produziert. Durch die geschützten Keimlinge können die Eukalypten den Buschfeuern trotzen: Ein großer Eukalyptusbaum kann bis zu zwei Zentimetern seiner Rinde verlieren, ohne dass seine Fortpflanzungsstrukturen zerstört werden. Damit auch möglichst viele Artgenossen Teil haben an der heißen Fortpflanzung, heizen die Bäume selbst durch die ätherischen Öle in den Blättern die Kraft der Buschfeuer an und fördern so deren Ausbreitung. Feuer sind seit 65 Mio. Jahren fester Bestandteil der Natur von Down under."

Michael Lenz auf SPIEGEL ONLINE vom 08.05.2002, gekürzt

33 Beschreiben Sie, inwiefern der Eukalyptusbaum ein grünes Wunder vollbringt.

34 Recherchieren Sie zu den Nutzungsmöglichkeiten des Eukalyptusbaumes.

35 Beim Rapsanbau besteht die Gefahr witterungsbedingter Ertragsausfälle. Erläutern Sie, weshalb Australien den Anbau dennoch ausweitet.

36 Erörtern Sie, ob und inwiefern australische Farmer zur Lösung des Treibhauseffekts beitragen können.

Die Schätze des roten Kontinents

53 Super Pit Goldmine in Kalgoorlie (Westaustralien)

54 BHP Billiton erhält Umweltgenehmigung für Riesenmine Olympic Dam

„Durch die geplante Erweiterung der südaustralischen Mine soll sich der Kupferabbau von momentan 180 000 t jährlich dann mehr als vervierfachen auf bis zu 750 000 t per anno. Das wäre dann weltweit die zweitgrößte Kupfermine. Auch andere aktuelle Produktionszahlen, wie jährlich 4 000 t Uran, 80 000 Unzen Gold und 800 000 Unzen Silber, sollen deutlich erhöht werden. Nach der geplanten Vergrößerung von Olympic Dam hätte die Mine gigantische Ausmaße von über 4 km Länge, 3,5 km Breite und eine Tiefe von etwa 1 km."

www.wallstreet-online.de vom 11.10.2011, März 2012

Woher kommt der australische Rohstoffreichtum?
Im Verlauf der Erdgeschichte kam es durch geologische und geochemische Vorgänge an geeigneten Stellen zur Anreicherung von Metallen und damit zur Entstehung von Lagerstätten. Da Mineralien und Gesteine im Laufe der Zeit im Erdmantel aufgeschmolzen bzw. in der Erdkruste separiert werden, sind insbesondere die sogenannten Kratone (Schilde, Tafeln) für Bergbauunternehmen interessant. Dabei handelt es sich um Festlandskerne, die im Präkambrium verfaltet, metamorph umgewandelt bzw. intrudiert worden sind. In der Folgezeit sind sie nicht mehr tektonisch umgeformt worden (z. B. durch Faltung), eine Absenkung oder Anhebung kann jedoch erfolgt sein. Zu den bekanntesten australischen Kratonen gehört der Pilabara-Kraton in Westaustralien.

--→ Seite 66 Wertschwankungen des AUD

Vorkommen, Ressourcen und Förderung
Mit der Eröffnung der ersten Steinkohleminen in Neusüdwales begann Ende des 18. Jh. der Abbau von **Rohstoffen** in Australien. Aber erst die Goldfunde von 1851 lösten eine wirtschaftlich bedeutsame Einwanderungswelle aus und förderten die Entwicklung einer Bergbauindustrie. Diese trug zur Entstehung von Siedlungen bei, aus denen sich in der Folgezeit die bekanntesten Großstädte Australiens entwickelten.
Mit der Erschließung diverser weiterer Rohstofflagerstätten entwickelte sich das Land zu einem der Hauptexporteure für Steinkohle, Eisenerz, Bauxit, Uran und andere Erze. Vorteilhaft sind allerdings nicht nur der Reichtum an Bodenschätzen, sondern auch deren Lagerungsverhältnisse. Viele Lagerstätten liegen oberflächennah, sodass ein kostengünstiger Abbau im **Tagebau** erfolgen kann.
In Perth wird in einem Forschungszentrum nach neuen Wegen zur Erschließung der Bodenschätze Australiens gesucht. Darüber hinaus entwickelt sich die australische Bergbautechnik zu einer eigenständigen Exportbranche.

Doch hat der Bergbauboom auch Schattenseiten: z. B. sind Fachkräfte knapp. Ein Großteil der australischen Unternehmen muss Aufträge verschieben oder absagen, der Mangel an Mechanikern, Architekten oder Geologen bremst das Wachstum. Gleichzeitig haben die Immobilienpreise astronomische Höhen erreicht, insbesondere in den Metropolen, wo die Mehrheit der Australier lebt. Außerdem hat der australische Dollar (AUD) erheblich an Wert gewonnen, seit Milliardensummen aus den Rohstofferlösen ins Land fließen. Australien bildet eine Brücke zwischen den USA und China, ob es will oder nicht. Das bedeutet mehr Verantwortung, aber auch mehr Ärger, dafür profitiert Australien so von der Globalisierung wie kaum ein anderes Land.

37 Beschreiben Sie die räumliche Verteilung der australischen Rohstoffvorkommen.
38 Stellen Sie die Bedeutung des Landes auf dem internationalen Rohstoffmarkt dar.
39 Erläutern Sie die Vorteile der australischen Rohstoffförderung gegenüber z. B. der deutschen Kohleförderung.

Material
Bildung von Metalllagerstätten
104113-2304

Material
Ressourcen, Reserven, Reichweite
104113-2305

Surftipp
Lagerstätten Australien
104113-2306

55 **Rohstoffvorkommen und Bergbau in Australien**

56 **Marktwert der größten Unternehmen im australischen Wertpapierindex ASX 200, 2011 (in Mrd. US-$)**

Nach www.forbes.com/global2000/#p_109_s_acompany Name_All_All_All, März 2012

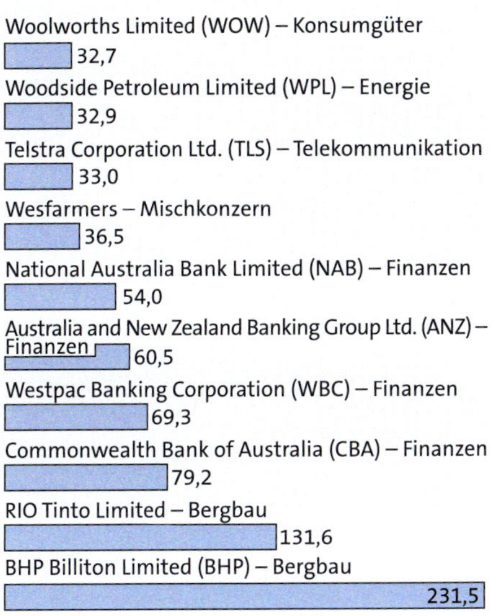

57 **Förderung und Reserven australischer Bergbauprodukte 2010**

Zusammenstellung des Autors nach http://minerals.usgs.gov/minerals/pubs/mcs/ und Geoscience Australia; www.ga.gov.au/minerals/basics.html, März 2012

* Karat; 1 ct = 0,2 g

Bergbauprodukte	Förderung			Reserven		
	(1000 t)	(% der Welt)	Weltrang	(1000 t)	(% der Welt)	Weltrang
Bauxit	68414	32,7	1	6200000	21,4	2
Blei	625	15,1	2	29000	34,1	1
Braunkohle	67000	6,5	5	4100000	25,0	1
Eisenerz	433000	16,7	2	3500000	2,1	2
Gold	0,261	10,2	2	7,4	14,5	2
Industriediamanten	10000 ct*	15,6	5	110000 ct*	18,3	3
Kupfer	870	5,5	6	86000	12,5	2
Mangan	3100	22,3	2	93000	14,8	4
Nickel	170	10,7	4	24000	30,0	1
Seltene Erden	0			1600	1,5	5
Silber	1,86	8,1	5	69	13,0	1
Steinkohle	353000	5,7	4	61000000	6,0	5
Titan	1352	20,9	k. A.	118000	17,1	2
Uran	7,44	13,9	3	1200	67,9	1
Zink	1480	12,3	2	56000	22,4	1

58 Felszeichnungen der Aborigines

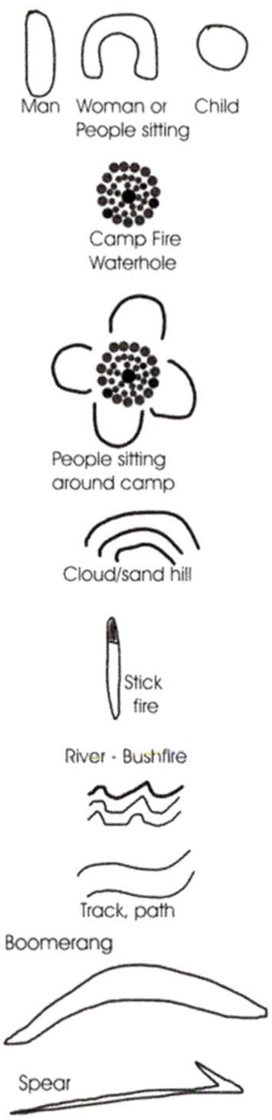

Rohstoffabbau um jeden Preis?

59 Bodenschätze gefährden Kulturerbe

„Im äußersten Nordwesten Australiens, fernab der gut erschlossenen Ostküste, liegt ein Gebiet von doppelter Bedeutung: Dieses Land zwischen Wüste und Meer, rund 1300 Kilometer nördlich der einzigen Westküstengroßstadt Perth, beherbergt sowohl reiche Rohstoffvorkommen als auch die größte Ansammlung an Aborigine-Kunst überhaupt. Auf rund 88 Quadratkilometern verteilen sich Felsblöcke, auf denen Kängurus, Eidechsen, Strauße zu sehen sind. Einige zeigen auch menschliche Gesichter, andere vermutlich mythische Figuren, wieder andere Tasmanische Tiger, die vor etwa 6000 Jahren auf dem Festland ausgestorben sind. Doch die einzigartigen fast eine Million Felsenzeichnungen, die die Ureinwohner dort vor tausenden Jahren in die roten Felsblöcke ritzten, drohen durch den Boom des Bergbaus zerstört zu werden.

Die Region Pilbara auf [der Halbinsel] Burrup ist reich an Eisenerz, Erdgas, Mangan. Gerade in den vergangenen Jahren intensivierten Bergbauindustrie und Energiewirtschaft ihre Produktion: Erdgas wird in Flüssiggas umgewandelt; eine Düngemittelfabrik ist entstanden, und das wertvolle Eisenerz wird über Hafenanlagen direkt nach Asien verschifft.

Archäologen, Anthropologen und Aborigines warnten, als die Energiefirma Woodside Petroleum eine Flüssiggasanlage bauen wollte; die Anlage wurde trotzdem gebaut – laut einem Firmensprecher so schonend wie möglich. ‚Es ist keine Felsenzeichnung beschädigt oder zerstört worden', betonte der Sprecher, ‚lediglich 170 Felsblöcke hätten verlegt werden müssen. Diese fügen sich weiterhin nahtlos in ihre Umgebung ein.'

Die Gegner kontern: ‚Das ist so, als würde man sagen: Stonehenge ist eine kreisförmige Stätte, lass uns einfach zwei Steine rausnehmen.'

Archäologen vermissen ein Bewusstsein für die Bedeutung der Aborigine-Kunst. Die tausende Jahre alten Malereien würden mit Graffiti beschmiert, Bauarbeiter würden ihre Lager inmitten heiliger Stätten aufschlagen, und manchmal ließen Besucher sogar kleine, verzierte Steine mitgehen.

Immerhin nahm die Regierung die Felsmalereien in Murujuga, wie die Ureinwohner die Halbinsel nennen, vergangenes Jahr in ihre Liste des Nationalen Kulturerbes auf. Doch Experten bezeichnen den Umgang mit der prähistorischen Stätte immer noch als ‚einen ungeheuerlichen Planungsfehler'. ‚Westaustralien ist eine der am wenigsten besiedelten Regionen der Welt... Wir haben Unmengen Land, wir haben ellenlange Küstenstreifen, die völlig menschenleer sind, und was tun wir? Wir bauen den größten Industriekomplex des Landes auf dem gleichen Fleck Erde, auf dem sich das größte Kulturerbe des Landes befindet. Das ist doch unglaublich.'"

jd/AFP auf www.focus.de/wissen/wissenschaft/australien-bodenschaetze-gefaehrden-kulturerbe_aid_333251.html vom 14.09.2008, März 2012

Material
Infoblatt Ressourcenfluch – West-Papua
104113-2307

Material
Infoblatt Nauru – jäher Absturz einer Südseeinsel
104113-2308

60 Goldrausch in Down under

„In Australien herrscht Goldgräberstimmung wie selten zuvor. Der China-Boom macht es möglich: Seit Jahren profitiert deshalb kaum ein Land so vom Rohstoffhunger der asiatischen Giganten China, Japan und Südkorea ...
Seit Beginn des China-Booms 2001 ist die Wirtschaftsleistung im rohstoffreichen Westaustralien um die Hälfte gestiegen. Der Kontinent ist rohstoffreich und liegt geografisch günstig: Nur zehn Tage benötigen Kohle, Aluminium und Nickel, Eisenerz, Gas und Gold ... zu den chinesischen Abnehmern ..., während die Ware aus Brasilien mehr als einen Monat unterwegs ist.
Gerade Chinas Urbanisierung heizt die Nachfrage an: Dafür brauchen die Chinesen ... jede Menge Stahl, den sie selbst nicht ausreichend produzieren können. Zwar fördert China offiziell über 800 Mio. t jedes Jahr, doch dabei wird auch Erz mitgezählt, das nicht einmal 30 % Eisen enthält. Das australische bringt es auf mehr als doppelt so viel. Und die ungebrochene chinesische Nachfrage treibt die Preise unablässig in die Höhe. Ein Ende des Booms ist nicht in Sicht. In der Pilbara liegen noch 20–25 Mrd. t hochwertiges Eisenerz, und dessen Förderung wird noch die nächsten hundert Jahre andauern.
Bislang läuft es hervorragend, aber langsam mischt sich auch Angst in die Jubelstimmung: Die Chinesen haben Angst, dass die Australier die Preise hochtreiben, und die Australier haben Angst, dass die Chinesen ihre Wirtschaft übernehmen. Diese Sorge scheint nicht unbegründet. Seit Jahren versuchen chinesische Staatsfirmen, sich in australische Bergbaukonzerne einzukaufen. Allein zwischen Januar und August 2009 investierten Chinesen 2,2 Mrd. $ in australische Energie- und Rohstoffunternehmen – und der Hunger wird größer ...“

Thilo Thielke auf www.spiegel.de/spiegel/print/d-73290184.html, März 2012 (Print: Der Spiegel 33/2010, 16.08.2010)

61 Australiens Handel mit China

Nach ABS & Citi Investment Research and Analysis, auf www.switzer.com.au/uploads/Image/Rismark3.jpg, März 2012

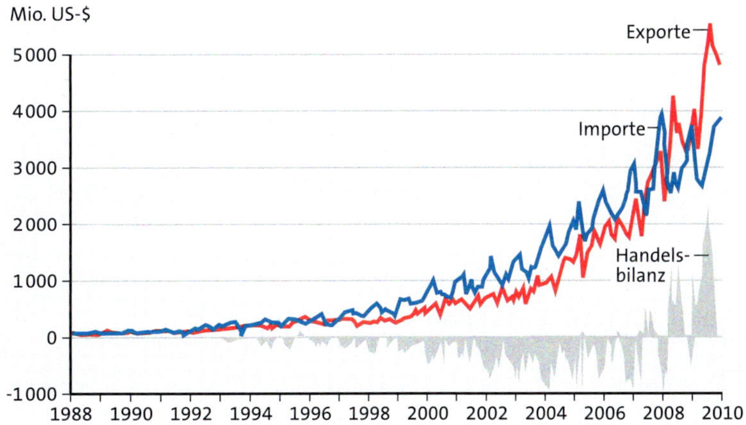

62 Leitung frei?

„Der bilaterale Handel hatte 2009 einen Wert von 85,1 Mrd. australischen Dollar, was einen Anstieg von 15,1 % gegenüber dem Vorjahr bedeutet. Nach Aussage des australischen Ministeriums für Auslandsbeziehungen und Handel stellt der Handel mit China 17 Prozent des gesamten australischen Handels dar. Die Hälfte der australischen Exporte besteht dabei aus Eisenerz für Chinas Stahlwerke.“

Björn Junker auf: www.goldinvest.de/index.php/china-und-australien-unterzeichnen-handelsabkommen-ueber-10-mrd-dollar-17268 vom 21.06.2010, März 2012

40 Beschreiben Sie die Felszeichnungen der australischen Ureinwohner.
41 Stellen Sie deren Bedeutung für die Kultur der Aborigines und der Welt dar.
42 Beurteilen Sie die Entscheidung zum Bau der Flüssiggasanlage im Gebiet des Kulturerbes.
43 Erläutern Sie die Schwierigkeiten, die aus Australiens Ausrichtung auf den Export von Rohstoffen resultieren könnten.
44 Erörtern Sie Chancen und Risiken des Engagements von China in der australischen Rohstoffförderung.

Fallbeispiel: Seltene Erden in Australien

63 Mount Weld Mine

64 Reserven Seltener Erden 2010 (in 1000 t)

Nach Mineral Commodity Summaries 2012, auf http://minerals.usgs.gov/minerals/pubs/mcs/, März 2013

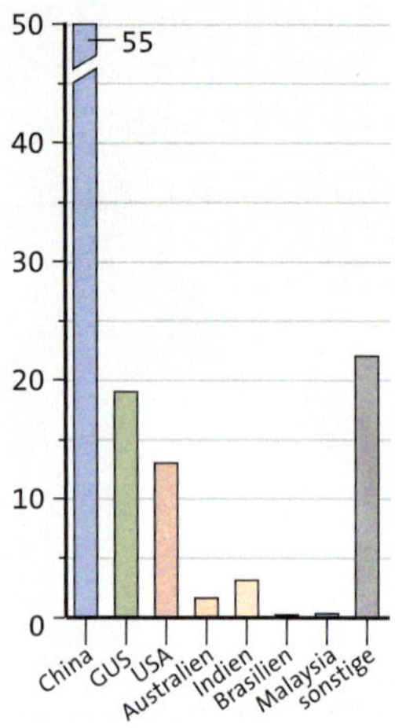

65 Weltweite Förderung Seltener Erden 2010 (in t) Ebenda

China	130 000
Indien	2 800
Brasilien	550
Malaysia	30
GUS	k. A.
USA	–
Australien	–

Holmium, Erbium und Thulium sind keine Fabelwesen sondern drei von 15 Metallen, die zu den seltenen Erden gehören. Ohne sie gäbe es keine Handys, iPods und Flachbildfernseher. Auch die Herstellung von Hybridautos wäre unmöglich.
Seltene Erden sind gar nicht so selten, treten aber nur in kleinen Konzentrationen auf. Ihre größten Verbraucher sind China, Japan und die USA. Wegen zunehmender Bedeutung der Umwelttechnologien wird mit steigendem Bedarf gerechnet. Im August des Jahres 2011 blickten Rohstoffexperten und Hightechfirmen erleichtert nach Australien. Dort wurde mit der Mount-Weld-Lagerstätte die weltweit größte Mine für Seltene Metalle, die inzwischen auch als Strategische Erden bezeichnet werden, eingeweiht. Der Abbau kann im **Tagebau** erfolgen. Allerdings ist es schwierig, die Metalle aus dem Boden zu holen. In reiner Form treten sie so gut wie gar nicht auf, sondern nur als Oxide. Diese müssen von anderen Mineralien abgeschieden werden, was technisch aufwendig, kostspielig und durch die verwendeten Chemikalien umweltbelastend ist.
Nachdem China angekündigt hat, den Export Seltener Erden einzuschränken, haben Bergbaukonzerne vor allem in Nordamerika, Grönland und Australien Aufwind. Verständlich, denn 97 % der 17 Produktionsstoffe, die maßgeblich für die Erzeugung elektronischer Hightechprodukte verwendet werden, kommen bisher aus der Volksrepublik, die über 38 % der **Reserven** verfügt. Vor allem Australien sieht eine Chance, die Monopolstellung Chinas zu brechen, zumal das dort vorhandene Potenzial bisher nur unzureichend ausgeschöpft worden ist. Eine kontinuierliche Beobachtung der Preisentwicklung auf dem Weltmarkt ist daher unerlässlich.
Die bislang nachgewiesenen 17,4 Mio. t Erzressourcen sollen einen mittleren Gehalt von 8,1 % SEE (Seltene Erden Elemente) haben, was einem SEE-Inhalt von rund 1,4 Mio. t entspricht. Der Betreiber Lynas Corporation Ltd. plant die Weiterverarbeitung der Konzentrate über ein in Malaysia in Bau befindliches Werk. Interessant ist, dass das staatliche chinesische Rohstoff-Unternehmen, die „China Non Ferrous Metal Mining“, 2010 versucht hat, sich mit 250 Mio. AUD in die Lynas einzukaufen. Die australischen Behörden untersagten diesen Versuch. Es gibt inzwischen sogar Prognosen, nach denen China aufgrund der Produktionssteigerungen im verarbeitenden Gewerbe nach 2015 selbst zum Importeur wird.
Wie groß das Interesse an den Vorkommen in Australien ist, zeigt auch das Bestreben des deutschen Siemens-Konzerns, der mit Lynas ein **Joint Venture** gründen will. Eine im Juli 2011 unterzeichnete Absichtserklärung sieht vor, dass Siemens 55 und Lynas 45 % Anteile hält.

66 Seltene Erden in einem Hybridfahrzeug

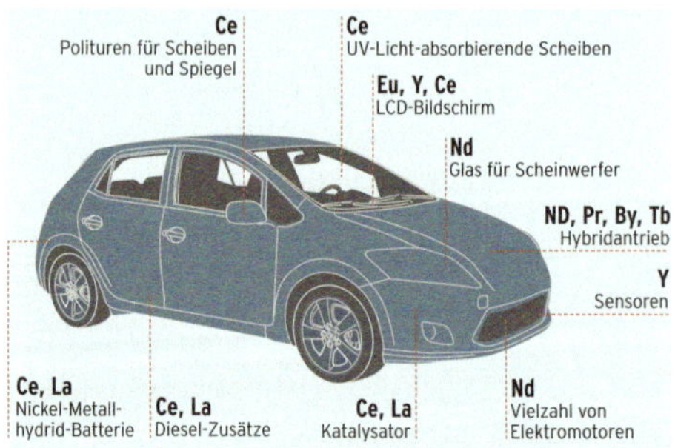

45 Nennen Sie Gründe für den steigenden Bedarf an Seltenen Erden.

46 Erläutern Sie die Schwierigkeiten, die mit dem Abbau und der Aufbereitung Seltener Erden verbunden sind.

47 Beurteilen Sie die Chancen Australiens, Chinas Monopolstellung bei den Seltenen Erden zu brechen.

48 Strategische Metalle sind das Öl der Zukunft. Nehmen Sie Stellung zu dieser Aussage.

67 Australien will Chinas Monopol bei Seltenen Erden brechen

„In Gebeng an der malaysischen Ostküste ist ein riesiges Bauprojekt im Gange. Auf der 20 Hektar großen Baustelle entsteht eine der größten Raffinerien der Welt für seltene Erden. Die australische Bergwerksfirma Lynas will in vier Monaten mit der Produktion beginnen. ‚Die Anlage hat das Potenzial, 33 Prozent der Weltnachfrage zu decken und das Monopol, das China zur Zeit hat, zu brechen', sagt Lynas-Sprecherin Liz Whiteway. Das wäre die Antwort auf Stoßgebete der Elektronikhersteller. Seit Peking im September zeitweise den Export drosselte, zittert die Industrie.
Lynas fördert die Mineralien im 4000 Kilometer entfernten Bergwerk Mount Weld in Westaustralien, 35 Kilometer südlich des Städtchens Laverton. Die 15 begehrten Metalle werden überall gebraucht. Der Bedarf steigt sprunghaft, der Preis explodiert: Allein Neodym für Kopfhörer und Hybridautos stieg von 42 Dollar das Kilogramm vor einem Jahr auf mehr als 280 Dollar an. Lynas bereitet das kostbare Gut fernab der Heimat auf. ‚Mount Weld ist abgelegen, das eignet sich nicht', sagt Whiteway. Gebeng habe sich unter anderem empfohlen mit seiner guten Hafenanbindung und gut ausgebildeten Technikern. Anwohner argwöhnen andere Gründe: Die Aufbereitung von seltenen Erden gilt als dreckiges Geschäft. ‚Wir kennen die Fakten und Risiken, und wir haben beschlossen, dass wir so etwas in unserer Nachbarschaft nicht wollen', sagt Jonathan Wong, Sprecher der ‚Stop Lynas'-Bewegung. Die Malaysier sind gebrannte Kinder: In den [19-]80er Jahren hat der japanische Konzern Mitsubishi Chemicals im Norden seltene Erden aufbereitet, mit verheerenden Folgen. Die Raffinerie wurde 1992 geschlossen, das Gelände ist bis heute verseucht. Solche Gefahren drohten in Gebeng nicht, versichert Whiteway. ‚Die Einwohner sind null Strahlung ausgesetzt.' Die Radioaktivität im Abfallprodukt sei verschwindend gering. Das Material werde aber dennoch in Containern gelagert, die ein Entweichen in die Umwelt verhindern.'"

dpa vom 11.06.2011, auf: www.haz.de/Nachrichten/Wissen/Uebersicht/Australien-will-Chinas-Monopol-bei-seltenen-Erden-brechen, März 2012

68 Risiken des Abbaus von Seltenen Erden ohne oder mit unzureichenden Umweltschutzsystemen

Nach www.oeko.de/seltene_erden, Mai 2012

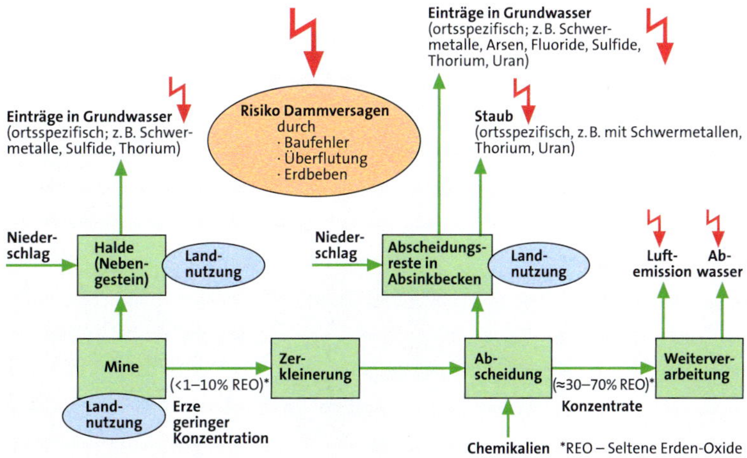

69 Preisentwicklung seltener Erden

Nach Seltene Erden – Daten & Fakten. Öko-Institut e. V. Hintergrundpapier Seltene Erden 2011, auf www.oeko.de/seltene_erden/, März 2012

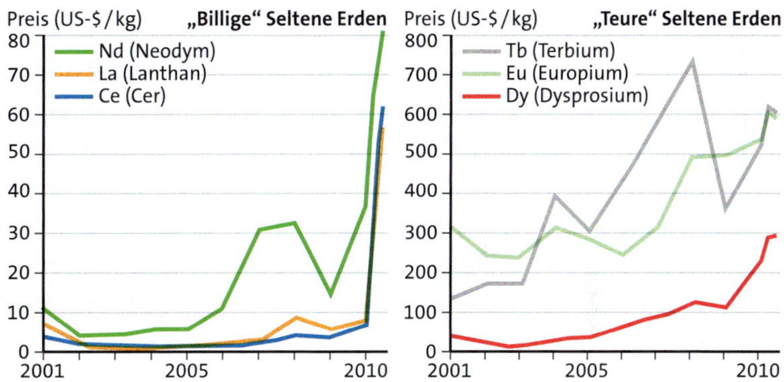

70 Nachfrage und CO_2-Emissionen bei der Gewinnung von seltenen Metallen

Nach Urs Heierli: Nachhaltige Bewirtschaftung von seltenen Mineralien. Praxisprojekt Entwicklungszusammenarbeit 2011. St. Gallen: Universität/Hochschule für Wirtschafts-, Rechts- und Sozialwissenschaften 2011, S. 14

Metall	Emissionen	Nachfrage (Mio. t/Jahr)	
	(t CO_2/t Metall)	für Elektrogeräte	insgesamt
Kupfer (Cu)	3,4	4,5	15,30
Kobalt (Co)	7,6	0,011	0,08
Zinn (Sn)	16,1	0,090	1,45
Indium (In)	142	0,00038	0,05
Silber (Ag)	144	0,006	0,86
Gold (Au)	16991	0,003	5,10
Palladium (Pd)	9380	0,000033	0,31
Platin (Pt)	13954	0,000013	0,18
Ruthenium (Ru)	13954	0,000027	0,38
Summe		**4,607731**	**23,71**

71 Kernenergie weltweit

a) geplante neue Atomreaktoren 2012

www.world-nuclear.org/info/reactors.html, März 2012

	Anzahl	Leistung (MW)
Bangladesch	2	2 000
China	51	57 480
Indien	17	15 000
Indonesien	2	2 000
Iran	2	2 000
Japan	10	13 772
Kanada	3	3 300
Polen	6	6 000
Russland	14	16 000
Südkorea	6	8 400
Tschech. Rep.	2	3 400
Türkei	4	4 800
Arabische Emirate	4	5 600
Vietnam	4	4 000
Welt	**156**	**173 025**

b) Anteil der Kernenergie an der Energieerzeugung 2010 (Länder mit mehr als 30 % Anteil)

Nach www.world-nuclear.org/info/nshare.html, März 2012

Belgien	51,1
Frankreich	74,1
Slowakei	51,8
Ukraine	48,1
Ungarn	42,1
Schweiz	38,0
Schweden	38,1
Slowenien	37,3
Südkorea	32,2
Tschech. Rep.	33,3
Armenien	39,4
Bulgarien	33,1

Fallbeispiel: Konfliktstoff Uran

72 Mill and Ranger Uranium Mine, (nordwestliches Nordterritorium, Karte 75)

Australien ist mit Blick auf seine Atompolitik gespalten. Obwohl es auf der politischen Ebene Versuche gegeben hat, Kernkraftwerke zu bauen, wird Uran nicht zur Energiegewinnung eingesetzt. Gleichzeitig wird aber die Ausweitung des Uranabbaus gefordert. Einerseits verabschieden sich nach dem atomaren GAU in Fukushima immer mehr Länder aus der Nutzung der Kernenergie, andererseits steigen Länder wie beispielsweise Polen erst in die eigene Produktion ein, begründet mit dem steigenden Energiebedarf. Mit der Gewinnung und Verarbeitung von Uran wird Australien zudem in die weltweite Nachfrage nach preiswerten Energieträgern nicht nur eingebunden, sondern auch in überregionale geopolitische Konflikte verwickelt.

Betroffen von der Atompolitik sind insbesondere die **Aborigines**. Einerseits wurden auf ihrem Territorium Atomtests durchgeführt, andererseits befinden sich hier auch Uranminen wie z. B. die Ranger-Uran-Mine, wo seit 1980 Uran abgebaut wird. Das Abbaugebiet mit seinem radioaktiven Abraum und kontaminierten Gewässern liegt zudem im Kakadu-Nationalpark, einem UNESCO-Weltkultur- und Weltnaturerbe. Die radioaktive Verseuchung der Region wird noch über Jahrtausende ein Risiko für Mensch und Umwelt darstellen.

73 Uran wird wieder salonfähig

„Der Uran-Schock nach Fukushima ist langsam verklungen. Doch Uranpreise und Kurse von Uranproduzenten liegen auf einem niedrigen Niveau – noch.
2006 mussten für ein Pfund Uran rund 80 Dollar gezahlt werden. Derzeit liegt der Preis bei etwa 52 Dollar je Pfund. Das macht den Abbau des Rohstoffes für manches Bergbauunternehmen derzeit unattraktiv. Dabei steigt die Nachfrage nach Uran immer weiter an. Vor Fukushima gab es 985 Reaktoren, die liefen, sich im Bau befanden oder angedacht waren. Inzwischen hat sich die Zahl auf 997 Stück erhöht, die magische Grenze von 1 000 wird bald fallen. Die Wachstumstreiber der Entwicklung finden sich in Indien, Russland und China ... Damit steigt die Nachfrage nach Uran in den kommenden Jahren immer weiter an.
Die Produzenten von Uran können nach derzeitigem Stand damit gar nicht Schritt halten. Es wurde zuletzt zu wenig in die Exploration neuer Lagerstätten investiert. Verschärft wird die Situation noch durch das Auslaufen eines Vertrags zwischen den USA und Russland. Demnach kaufen die USA von Russland hoch angereichertes Uran an, das aus den ehemaligen Atomraketen der Russen stammt. In den USA wird dieses zu friedlichen Zwecken genutzt. Diese Vereinbarung endet jedoch 2013, was der Markt bisher nur teilweise realisiert hat. Wie bedeutsam diese Versorgungsquelle für die USA ist, zeigt sich an einem Detail. Die Lieferungen aus Russland entsprechen fast 20 Prozent des jährlich weltweit produzierten Urans. Fällt dieser Nachschubweg weg, verschärft sich die Situation am Markt. "

Björn Junker auf www.wallstreet-online.de/nachricht/4015351-spekulationen-preis-uran-salonfaehig, vom 14.12.2011, März 2012

49 Beschreiben Sie die Verteilung der Uranvorkommen auf der Erde.

50 Erklären Sie die bisherige Entwicklung und Perspektiven des Uranpreises.

51 Erläutern Sie Australiens Rolle im Uranhandel.

52 Beurteilen Sie, ob sich Uran zu einem Konfliktstoff entwickeln kann.

74 Uranlieferungen an Indien – Australien schreckt auf

„Die sich andeutenden Uran-Beziehungen zwischen Australien und Indien bekommen Risse. Erste Politiker melden Bedenken an. Noch ist nichts ausgemacht, ... Doch schon der Gedanke, dass Australien an Indien Uran liefern könnte, das in den dortigen Atomkraftwerken eingesetzt werden soll, entzweit die Nation.

Indischen Politikern ist bewusst, dass sie ihre Atompolitik überarbeiten müssen. Sie wollen die Energiegewinnung aus Atomkraft bis 2030 vervielfachen. Laufen die Atomkraftwerke des Landes derzeit mit einer Kapazität von weniger als 5 000 Megawatt, so soll diese innerhalb von rund 20 Jahren auf 60 000 Megawatt erhöht werden. Dazu braucht Indien große Mengen an Uran. Die Nachfrage aus Beständen im eigenen Land zu sichern, ist unmöglich, daher streckt man die Fühler ins Ausland aus. Einerseits will man Minen im Ausland kaufen, andererseits will man auch zusätzliche Uranlieferungen von Partnern bekommen. Aktuell sind die Hauptlieferanten Frankreich, Russland und Kasachstan, doch Indien ist an einer Erweiterung der Partnerschaften interessiert. Und dabei spielt Australien eine wichtige Rolle.

Die Labor Partei von Premierministerin Julia Gillard hat erste Weichen für eine solche Partnerschaft gestellt. Demnach genehmigte der Parteitag grundsätzlich die Lieferung von Uran nach Indien, wenn bestimmte Bedingungen erfüllt sind. Indien hat den Atomwaffensperrvertrag nicht unterzeichnet, dies scheint auch weiterhin nicht geplant zu sein. Allerdings scheint man bereit zu sein, andere Atomverträge zu unterschreiben. Australien fordert gewisse Sicherheitsbestimmungen im Umgang mit Uran. Das asiatische Land reagiert und will eine neue atomare Sicherheitsbehörde aufbauen. Diese soll indischen Ministerien unterstehen. Doch die Grünen in Australien kritisieren diese Behörde als Marionette. Man zweifelt an der Verlässlichkeit und an der Unabhängigkeit der Institution, da sie der indischen Regierung direkt unterstellt ist."

Manfred Mayer-Heinzelmann auf www.goldinvest.de/index.php/uran-australien-schreckt-auf-23368 vom 23.12.2011, März 2012, gekürzt

75 Uranvorkommen und -produktion in Australien 2010

Förderung nach www.world-nuclear.org/info/inf48.html, März 2012

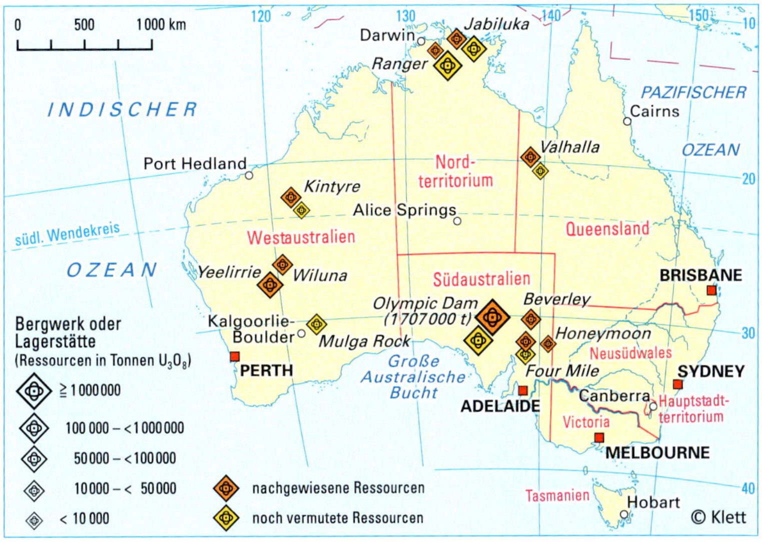

76 Entwicklung des Uranpreises (1 amerikanisches Pfund = 0,454 kg)

Nach www.infomine.com/chartsanddata/chartbuilder.aspx?z=f&g=127677&dr=15y, März 2012

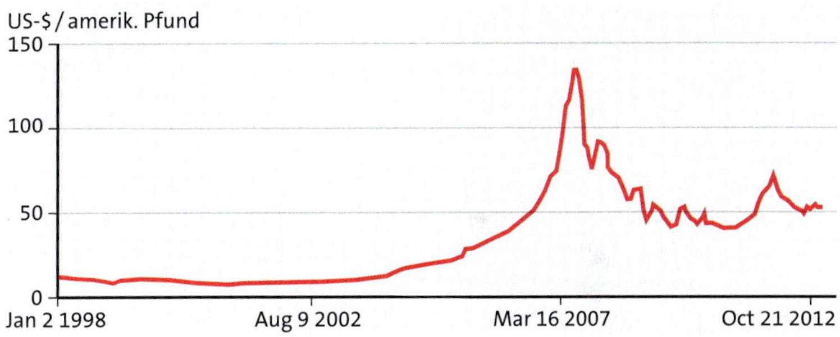

77 Uran – Förderung, Reserven und Ressourcen 2010 (in t)

Zusammenstellung Autor, erstellt nach Deutsche Rohstoffagentur, Kurzstudie Reserven, Ressourcen und Verfügbarkeit von Energierohstoffen 2011

Land	Förderung	Reserven	Ressourcen
Kasachstan	17 800	263 000	1 487 000
Kanada	9 800	417 000	1 048 000
Australien	5 900	1 223 000	581 000
Namibia	4 500	2 000	353 000
Niger	4 200	43 000	258 000
Russland	3 600	56 000	786 000
USA	1 700	39 000	2 564 000
Ukraine	900	45 000	486 000
China	800	101 000	78 000
Malawi	700	11 000	18 000
Brasilien	100	229 000	421 000
Welt	**53 700**	**2 755 000**	**11 370 000**

Australien – Wirtschaftsmodell für die Welt?

78 Wirtschaftsstruktur nach Sektoren

Nach: Der Fischer Weltalmanach. Frankfurt am Main: Fischer Taschenbuchverlag, versch. Jg.

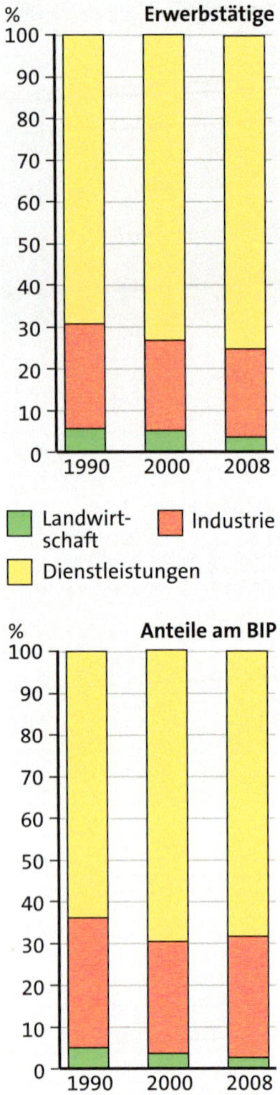

79 Indikatoren der wirtschaftlichen Entwicklung

Nach www.imf.org/external/pubs/ft/weo/2011/02/pdf/text.pdf; www.rateinflation.com/inflation-rate/australia-historical-inflationrate.php?form=ausir; www.indexmundi.com/g/ g.aspx?v=74&c=as&l=en, alle März 2012

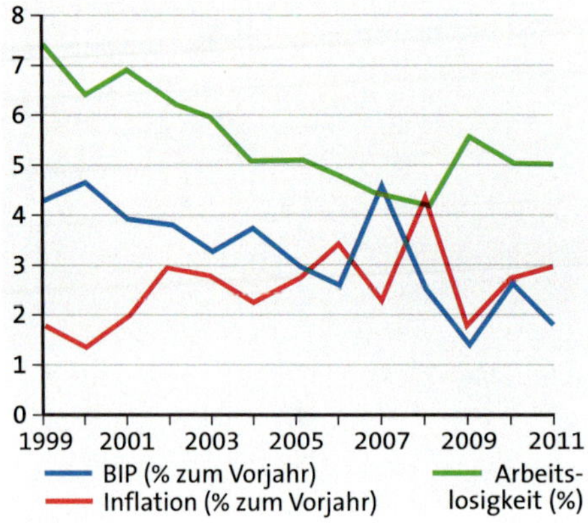

82 Wirtschaftswachstum nach Wirtschaftsbereichen 2009/2010

Nach Wirtschaftsdaten kompakt: Australien, auf www.gtai.de, Nov. 2011

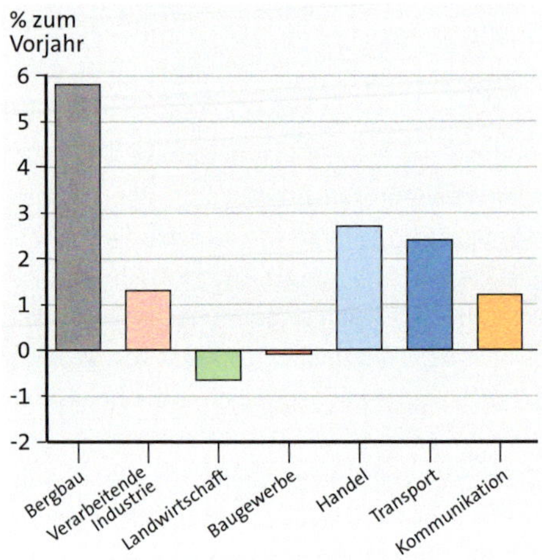

80 Lebensqualitäten im Vergleich

Nach www.australien-info.de/daten-wirtschaft.html, März 2012

Kriterium	Australien	Deutschland
Haushaltsverdienst (US-$/Jahr)	27 039	27 665
Arbeitszeit (Std./Jahr)	1 690	1 390
Lebenserwartung (Jahre)	81,5	80
Zufriedenheit (%)	75	56

81 Wirtschaftsoptimismus

„Neue Stellen im Handumdrehen, sechsstellige Löhne auch für Lastwagenfahrer in den Bergwerken im öden Nordwesten des Landes, eine Wirtschaftskrise, die nur im Rückspiegel dramatisch aussieht – das Land schwelgt in Zuversicht. Die Hoffnungen gehen aber in noch höhere Regionen. ‚Angesichts der schwachen Vorstellung von Amerika und Großbritannien könnte eine weiterhin verlässliche Regierungspolitik Australien zu einem wohlhabenden Modellstaat machen. Gute Führung wird noch untermauert durch unsere schier unbegrenzten Möglichkeiten ...'“

Christoph Hein auf FAZ.NET vom 18.01.2010, März 2012

Australiens Wirtschaft ist geprägt durch einen verhältnismäßig kleinen Binnenmarkt, den ehemaligen Kolonialstatus, den Reichtum an begehrten Bodenschätzen und durch die Exportorientierung.

Von 1929 bis 1933 litt Australien sehr stark unter der Weltwirtschaftskrise. Die einseitige Abhängigkeit von Weizen- und Wollexporten rächte sich, als die Preise weltweit nachgaben. Eine steigende Arbeitslosigkeit war die Folge.

Erkannt wurde damals, dass der Aufbau einer verarbeitenden Industrie zu lange vernachlässigt worden war. Seitdem sind die Eisen- und Stahlindustrie sowie die Nahrungsmittelindustrie weiterentwickelt worden. Zu den führenden Industriezweigen gehören mittlerweile aber auch der Maschinenbau und die Automobilindustrie. Aber auch im Bereich der Informationstechnologie und der Telekommunikation gehört Australien zu den führenden Produzenten. In den letzten 30 bis 40 Jahren setzte man mit Nachdruck auf Diversifizierung. Es wurde in beträchtlichem Umfang in den Export und – unter ausländischer Beteiligung – in die Erschließung von **Ressourcen** investiert.

Seite 66/68
Wettbewerbsfähigkeit der australischen Wirtschaft

83 **Australien – Wirtschaftskraft nach Bundesstaaten / Territorien**

Nach www.abs.gov.au/AUSSTATS/abs@.nsf/DetailsPage/5220.02010-11?OpenDocument#Time, März 2012

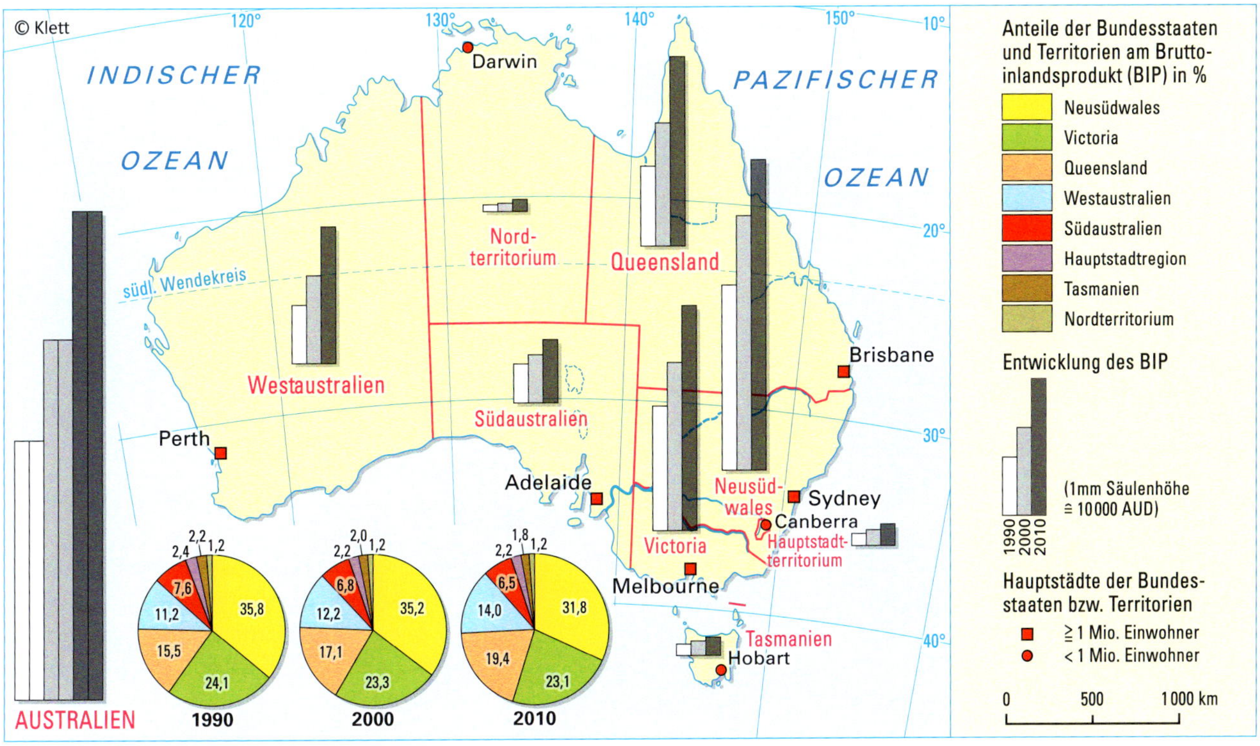

84 **Etappen der australischen Wirtschaftsentwicklung seit den 1970er-Jahren**

1970er-Jahre: Verlagerung der Investitionen auf den Bergbausektor; der weltweite Rohstoffboom bringt Australien an die erste Stelle beim Export von Eisenerz, Blei und Bauxit
1980er-Jahre: Die Rezession trifft Australiens Wirtschaft besonders hart. Verstärkt wird auf Betriebszusammenlegungen und Rationalisierung gesetzt.
1990er-Jahre: Konsolidierung und Öffnung der Wirtschaft; zunehmende Kooperation mit den südostasiatischen und südpazifischen Staaten
2000er-Jahre: Die Wirtschaft steht auf soliden Beinen; dank vieler Wachstumsjahre kann die Weltwirtschaftskrise verkraftet werden.

85 **Kraftzentren der Weltwirtschaft 2010**

Nach International Monetary Fond, World Economic Outlook 2011, auf: www.imf.org; www.weltbevoelkerung.de; www.laenderdaten.de/wirtschaft/BIP_pro_kopf.aspx#; WTO, International Trade Statistics 2010, auf: www.wto.org; wko.at/statistik/eu/wp-eu27.pdf; alle März 2012

	Anteile (%)			Wirtschaftsleistung (BIP / Kopf, in US-$)
	Globale Wirtschaftsleistung (BIP)	Weltweiter Export	Weltbevölkerung	
Australien	2,0	1,4	0,3	41000
Brasilien	3,3	1,3	2,8	10800
China	9,3	10,4	19,3	7600
Deutschland	5,2	8,3	1,2	35700
EU-27	25,8	33,8	7,2	32700
Indien	2,6	1,4	17,8	3500
Japan	8,7	5,1	1,8	34000
USA	23,1	8,4	4,5	47200
z. Vgl. Neuseeland	0,2	0,2	0,1	27700

53 Beschreiben Sie die Wirtschaftsstruktur Australiens.

54 Erläutern Sie die wirtschaftliche Entwicklung Australiens.

55 Erörtern Sie, ob die Wirtschaftsstrategie und Wirtschaftsentwicklung Australiens als modellhaft für die Welt bezeichnet werden können.

86 Erste Einwanderer

„Die Aborigines in Australien sind Genanalysen zufolge das älteste Volk außerhalb Afrikas ... Das bestätigt ein internationales Forscherteam, das anhand einer hundert Jahre alten Haarlocke erstmals das Erbgut eines australischen Aborigine-Mannes entziffert hatte. Aus den Ergebnissen folgern die Forscher, dass die Aborigines von einer Auswanderungswelle aus Afrika vor etwa 70 000 Jahren abstammen. Die heutigen Europäer und Asiaten dagegen ließen sich auf eine weitere Auswanderungswelle zurückführen, die etwa 24 000 Jahre später Afrika verließ."

Peiner Allgemeine Zeitung vom 01.10.2011

Seite 70/71
Migration Australien

87 Schutz des Eigentums

"We've decided to compromise. We keep the land, the mineral rights, natural resources, fishing and timber, and in return we'll acknowledge you as the traditional owners of it."

2.4 Bevölkerung und Siedlung

Vorgeschichte? Vor der Besiedelung durch die weiße Bevölkerung um 1788 lebten in Australien ausschließlich **Aborigines**, die als Ureinwohner des Kontinentes gelten. Schätzungen gehen von 315 000 bis 750 000 aus, die 500 bis 600 Volksgruppen zugeordnet werden. Ihre Lebensweise war hervorragend an die Bedingungen des Raumes angepasst. Ihre soziale Ordnung war gut entwickelt und ihre Fähigkeiten und Naturkenntnisse verblüffen bis heute.

Koloniale Inbesitznahme. James Cook nahm im Rahmen seiner ersten Expedition 1768–71 Australien am 19. April 1770 als Neusüdwales für England in Besitz. Die anschließende Besiedlung Australiens erfolgte fast planmäßig, da Großbritannien damit mehrere Interessen verband: Zum einen sollten die überfüllten Gefängnisse Englands durch Strafkolonien in Australien entlastet werden, die sich selbst versorgen sollten; zum anderen wollte man hier einen Marinestützpunkt schaffen, der mit Flachs für Segel, Hanf für Seile sowie Schiffsholz die entsprechenden **Ressourcen** für die Seemacht England bot.

Ab 1788 begann die Stationierung von Strafgefangenen und ab 1792 die Landvergabe an Offiziere der Wachmannschaften. Diese konnten die Strafgefangenen als kostenlose Arbeitskräfte nutzen, sodass große Farmen problemlos zu bewirtschaften waren. So dehnten sich die Farmen immer weiter in das Landesinnere aus, wo mit den lichten Waldweiden ideale Voraussetzungen für die Schafzucht bestanden. Das Endprodukt Wolle war leicht zu transportieren und erzielte gute Verkaufserlöse. Das brachte die Kolonie zwangsläufig in die Rolle als Rohstofflieferant für die englische Fabrikindustrie.

Folgen einer Strafkolonie. Die Konzentration der Bevölkerung in Siedlungen an der Küste resultierte aus der Anlage als Strafgefangenenkolonie, wo man Wert auf eine gute Erreichbarkeit legte. Alles wurde den kolonialen Zwecken entsprechend organisiert: Im Kern der neu gegründeten Siedlungen reservierte man große Flächen für öffentliche Einrichtungen. Die Dominanz öffentlicher Gebäude im Zentrum australischer Städte ist charakteristisch. Die Administration organisierte auch die Erschließung des Hinterlandes, indem neue Siedlungen fast ausschließlich durch die Kolonialverwaltung gegründet wurden.
Im Zuge von Goldräuschen und massiver Verschiebungen der Siedlungsgrenzen kam es immer wieder zu Einwanderungsspitzen. Außer der Zuwanderung aus England setzte auch ein größerer Zustrom von Chinesen in den 1870er- und -80er-Jahren ein, als der Abbau von Bodenschätzen einen ersten Höhepunkt erreichte.

Auswirkungen der Besiedlung. Infolge der Besiedelung durch die Weißen verloren die Aborigines nicht nur ihre Lebensräume, auch ihre heiligen Orte und Zeremonienplätze wurden zerstört. Bis zum Jahr 1920 war die Zahl der Ureinwohner auf 60 000 dezimiert. Vieles von dem, was über 40 000 Jahre gewachsen war, wurde innerhalb von nur 200 Jahren zerstört.
Wie die Ureinwohner im Nachbarland Neuseeland, die Maoris, sind die Aborigines bis heute kaum in die Gesellschaft integriert.

Material
Beschäftigung Aborigines
104113-2401

Material
Infoblatt Aborigines – Kampf um Landrechte
104113-2402

Material
Infoblatt „Aboriginal Tourism“ im Outback
104113-2403

Das Verhältnis der Australier zu den Ureinwohnern verbessert sich nur langsam. Ein Zeichen in Richtung Weltöffentlichkeit war zwar die Entzündung des Olympischen Feuers 2000 in Sydney durch die Aborigine Cathy Freeman, einer für Australien erfolgreichen 400-m-Läuferin. Dennoch verfügen immer noch 59 % der Aborigines nur über ein Jahreseinkommen unter 12 000 AUD/Jahr (australische Armutsgrenze) und 55 % leben größtenteils von der Sozialhilfe. Große Probleme bereiten der Alkoholismus und die Arbeitslosigkeit. Wie bei den neuseeländischen Maori ist auch die Lebenserwartung bei den Aborigines deutlich geringer als bei den Weißen. Bei Männern liegt sie bei nur 62 Jahren und bei Frauen sogar nur bei 57 Jahren.

Bestrebungen, die Ureinwohner zu assimilieren und die Gebräuche und Gewohnheiten denen der weißen Bevölkerung anzupassen, sind fehlgeschlagen. Die weiße Bevölkerung hat in der Vergangenheit nie ernsthaft darüber nachgedacht, ob es außer der Unterwerfung auch andere Formen des Zusammenlebens geben kann. Dieses Versäumnis rächt sich heute, wenn es darum geht, alte Traditionen und den Stolz einer alten Kultur wieder aufleben zu lassen. Die von den Ureinwohnern geforderte und von liberalen Politikern mehrfach versprochene Selbstbestimmung ist bis heute vertraglich nicht bestätigt worden. Die Ureinwohner warten bis heute darauf, dass die Regierung sie offiziell um Verzeihung bittet und damit ihr Unrecht eingesteht.

Die meisten Australier vertreten eine zunehmend liberale Haltung gegenüber den Aborigines. Besonders unter der jungen Bevölkerung herrscht sogar ein gewisser Stolz auf die Vorfahren im eigenen Land. So gab es beispielsweise im Jahre 2000 mehrere Protestmärsche mit bis zu einer halben Million Teilnehmern für die Rechte der Aborigines.

88 Siedlungsgebiete der Aborigines

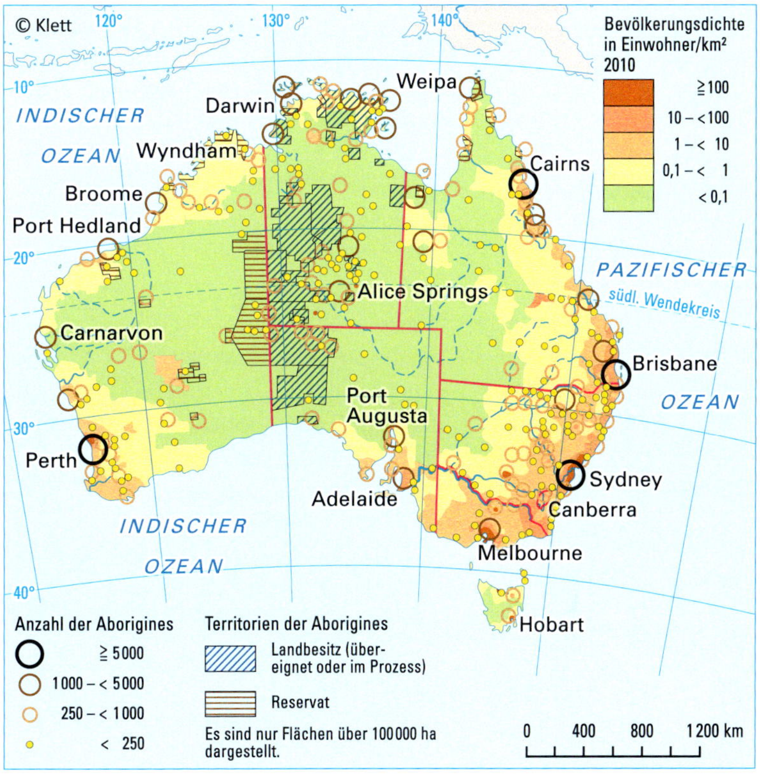

89 Verteilung der australischen Ureinwohner auf die Bundesstaaten

Nach [Australian Statistical] Year Book 2009 – 2010, S. 201, und www.abs.gov.au/ausstats/abs@.nsf/Products/145201833256C844CA25762A001CBB8A?opendocument; März 2012

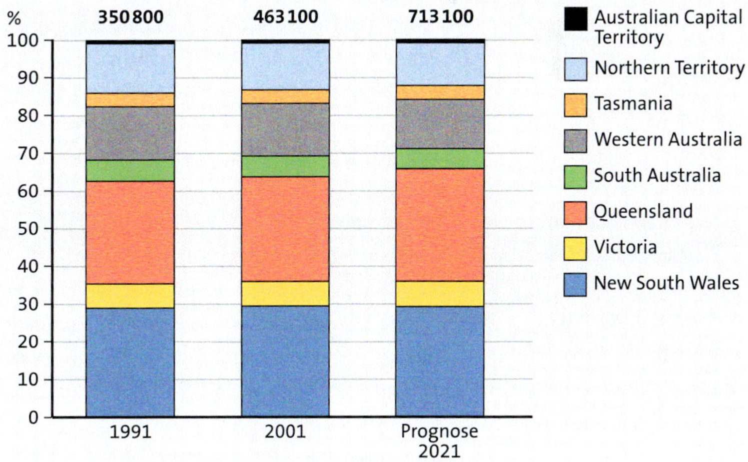

56 Beschreiben Sie die Verteilung der australischen Ureinwohner.

57 Erläutern Sie die Ursachen der Konzentration der Aborigines an der Küste.

58 Nehmen Sie Stellung zur Aussage der Karikatur 87.

59 Beurteilen Sie die Ansätze zur Integration der Aborigines.

Viel Platz für wenig Menschen?

90 Bootflüchtlinge nach Australien (Auswahl)

Janet Phillips / Harriet Spinks: Boat arrivals in Australia since 1976. Auf www.aph.gov.au/binaries/library/pubs/bn/sp/boatarrivals.pdf, S. 18, Mai 2012

1977	868
1982–1988	0
1992	216
1993	81
1994	953
1995	237
1996	660
1998	200
1999	3721
2000	2939
2001	5516
2003	53
2004	15
2007	148
2009	2726
2010	6555
2011	4565

91 Gegenwärtige Einwanderungspolitik

Die australische Regierung legt jährlich nach Beratung mit den gesellschaftlichen Interessengruppen die Einwanderungsquoten für vier Kategorien fest:
- Qualifizierte Arbeitskräfte mit auf dem Arbeitsmarkt gefragten Berufen;
- Familienangehörige von Einwanderern früherer Generationen;
- Flüchtlinge oder aus humanitären Gründen Aufzunehmende;
- Andere, insbesondere Neuseeländer, die nahezu unbeschränkt nach Australien einwandern können.

92 Punkteübersicht zum Auswahlverfahren für qualifizierte Arbeitskräfte

http://focus-migration.hwwi.de/typo3_upload/groups/3/focus_Migration_Publikati onen/Laenderprofile/LP_21_Australien.pdf, März 2012

Kriterien	Maximalpunkte
Qualifizierte Beschäftigung	60
Alter	30
Englische Sprachkenntnisse	25
Spezifische Arbeitserfahrungen	10
Arbeitserfahrungen in Australien	10
Australische Qualifikationen	25
Nachgefragte Beschäftigung / Stellenangebot	20
Besondere Sprachkenntnisse	5
Studieren und Leben in gering besiedelten Gebieten	5
Qualifikation des Partners	5
Nominierung durch Bundesstaat / Territorium	10
Finanzierung durch Verwandte in einem bestimmten Gebiet	25
gesamt (max.)	**230**

Da alle Berichte der Entdecker es als unwirtlich, nur wenig besiedelt und wirtschaftlich uninteressant darstellten, bestand seitens der Kolonialmächte zunächst kein Interesse an Australien. Inzwischen zählt das Land zu den klassischen Einwanderungsländern, wobei die öffentliche Diskussion über die Einwanderung und den Multikulturismus andauert. Es geht dabei um die Frage, wie viel Bevölkerungswachstum sinnvoll und wünschenswert sei.

Seit 1997 sind alle Einwanderer in den ersten beiden Jahren nach ihrer Ankunft von Sozialleistungen ausgeschlossen. Qualifizierte Einwanderer und deren Familienmitglieder müssen vorab einen Englischtest ablegen, wobei die Sprachanforderungen verschärft worden sind. Außerdem wird die Anerkennung der beruflichen Qualifikationen von den Berufsverbänden geprüft.

Potenzielle Arbeitsmigranten erhalten für arbeitsmarktrelevante Fähigkeiten Punkte, wobei eine Mindestpunktzahl festgelegt wird. Mittels eines Plans zur gezielten Verteilung Qualifizierter in dünn besiedelten Regionen werden Arbeitsmigranten in Zusammenarbeit mit den Bundesstaaten und Territorien bestimmten Gegenden zugewiesen.

Seit 2010 gibt es zudem eine Skilled Occupation List. Menschen mit dort nicht gelisteten Berufen haben keine Chance, sich dauerhaft in Australien anzusiedeln. Haben sich aber Arbeitsmigranten nach zwei Jahren erfolgreich an den Arbeitsmarkt und die allgemeinen Lebensbedingungen in Australien angepasst, wird ihnen eine unbefristete Aufenthaltsgenehmigung erteilt.

Zur Eindämmung illegaler Einwanderung, die auf dem Luft-, Land- und Seeweg von Malaysia über Indonesien erfolgt, arbeitet die australische Regierung intensiv mit den dortigen Regierungen zusammen. Illegale Migranten sind aber auch solche, deren Aufenthaltsdauer das gültige Visum überschritten hat. Weniger als ein Prozent der weltweiten Asylsuchenden haben das Ziel Australien – trotzden ist dies Thema der

93 Millionenbeträge für Integrationshilfen

„Die Zahlen sind beeindruckend: fast jeder Vierte der gut 20 Mio. Menschen in Australien ist selbst nicht auf dem Kontinent geboren – und bei fast der Hälfte der Bevölkerung kommt zumindest ein Elternteil aus einem anderen Land. Zusätzlich zu den vielen Aboriginal-Sprachen werden in Australien 200 Sprachen gesprochen: neben Englisch vor allem Italienisch, Griechisch, Kantonesisch, Arabisch und Mandarin. Allein im vergangenen Jahr sind rund 192 000 neue Einwanderer in Australien eingereist. Der Staat lässt es sich einiges kosten, ihnen das Einleben leichter zu machen: für die kommenden zwei Jahre sind im Haushalt gut 123 Mio. Euro für Integrationsprojekte eingeplant – vor allem für Flüchtlinge. Dabei setzt man auf Klein-Projekte in Zusammenarbeit mit örtlichen Vereinen und Verbänden."

www.swr.de vom 29.08.2008, gekürzt

60 Erläutern Sie die australische Migrationspolitik.

61 Beurteilen Sie den Wandel in der australischen Einwanderungspolitik.

94 Wende der Einwanderungspolitik

„Ende Juni verkündete Premierministerin Gillard: Sie befürworte nicht eine ‚Big Australia'-Politik. Das Land müsse eine nachhaltige Bevölkerungspolitik anstreben, anstatt weiterhin ‚Richtung 40 Mio. Leute zu eilen'. Dank des ... Rohstoffbooms prosperiert das Land. Der Sprecher des Business Council of Australia kündigte an, dass die großen Unternehmen jeden Versuch bekämpfen werden, die Kontingente für die legale Immigration zu kürzen. Wirtschaftswachstum ohne Immigration ist aus seiner Sicht unmöglich... Australien stand die jüngste Weltwirtschaftskrise nicht trotz den Immigranten ohne Rezession durch, sondern auch wegen ihnen: 300 000 Neuankömmlinge sorgten 2009 mit ihrer Nachfrage ... für einen Stimulus im Wert von 10–15 Mrd. australischen Dollar.

Der konservativen Opposition ist es gelungen, die berechtigten Sorgen der Bevölkerung in eine Schwarzmalerei von einer überlasteten Infrastruktur, steigenden Immobilienpreisen und Bildungs- und Gesundheitssystemen am Rande ihrer Kapazität umzufunktionieren. Tägliche Meldungen über Flüchtlingsboote mit Sri Lankern und Afghanen wecken bei vielen Bürgern den Eindruck, ihr Land sei förmlich belagert.. Vergangenes Wochenende sagte Gillard, es sei an der Zeit, die ‚politische Korrektheit zu beenden, die jede Diskussion um Einwanderung ersticke', denn nicht jeder Australier, der eine klare Einwanderungspolitik von seiner Regierung erwarte, sei ein Rassist."

Barbara Bierach: „Big Australia" ganz kleinlaut. Neue Zürcher Zeitung vom 10.07.2010, gekürzt und gering verändert

98 Prognose der Bevölkerungsentwicklung

Ebenda

bei jährl. Zunahme (1 000)	Bevölkerung (Mio.) 2027	2047
0	22,7	22,9
100	25,1	28,2
200	27,4	33,4
250	28,6	36,0

98 Erteilte Studentenvisa

Ebenda

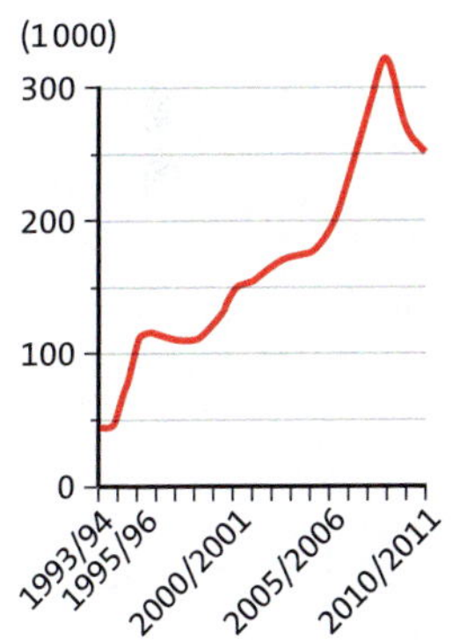

nationalen Migrationsdebatte. Es gibt Befürworter einer rasch wachsenden Bevölkerung, aber auch Umweltschützer, die vor den damit einhergehenden negativen ökologischen Folgen warnen. Sie verweisen auf Prognosen über die Auswirkungen des **Klimawandels** auf Australien und Engpässe bei der Versorgung einer wachsenden Bevölkerungszahl beispielsweise mit Wasser.

Inzwischen erschweren bevölkerungspolitische Maßnahmen Studenten den Erhalt einer dauerhaften Aufenthaltsgenehmigung. Auch ist die Anzahl der Mangelberufe deutlich reduziert worden. Demgegenüber steht die Tatsache, dass die zunehmende Überalterung der Bevölkerung auch in Australien zu einem Problem für die Gesellschaft und Wirtschaft werden kann.

95 Geschlecht und Alter der australischen Auswanderer 2010

Australian Government. Department of Immigration and Citizenship. Trends in Migration: Australia 2010–11, S. 38

	geboren in Australien	geboren in Übersee
Geschlecht		
Männlich	52,8	50,3
Weiblich	47,2	49,7
Alter (Jahre)		
0–14	18,8	14,4
15–24	7,0	8,8
25–44	54,3	42,4
45–64	18,4	27,7
65 und älter	1,5	6,7

96 Nur ein weiterer Zaun?

99 **Bevölkerung und Bevölkerungsdichte in Australien 2010**

Nach www.abs.gov.au/ausstats/abs@.nsf/mf/3101.0, Febr. 2011

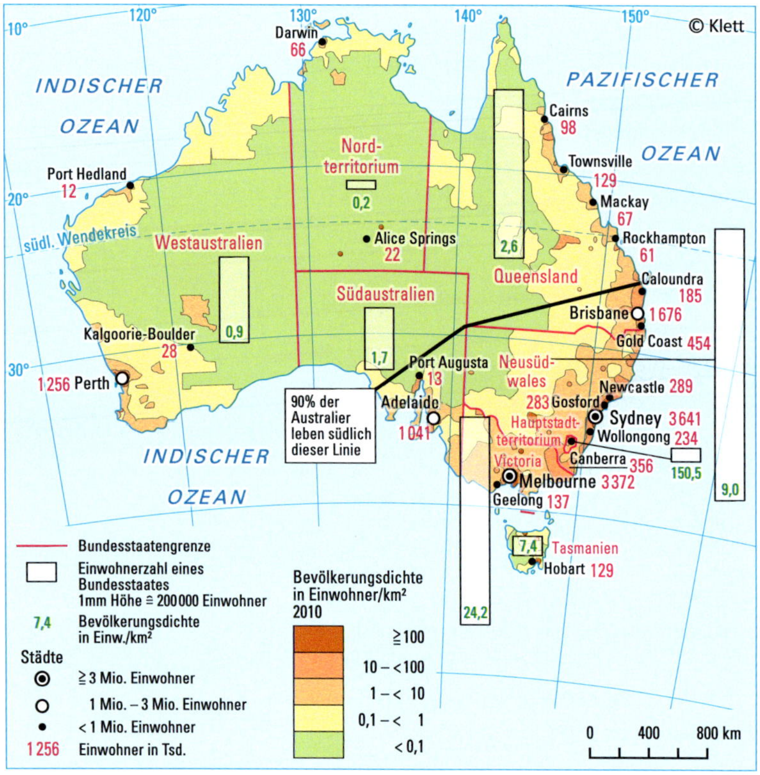

100 **Altersgliederung („Bevölkerungspyramide") Australiens**

Australian Bureau of Statistics (Hrsg.): Australian Demographic Statistics 2011, S. 16

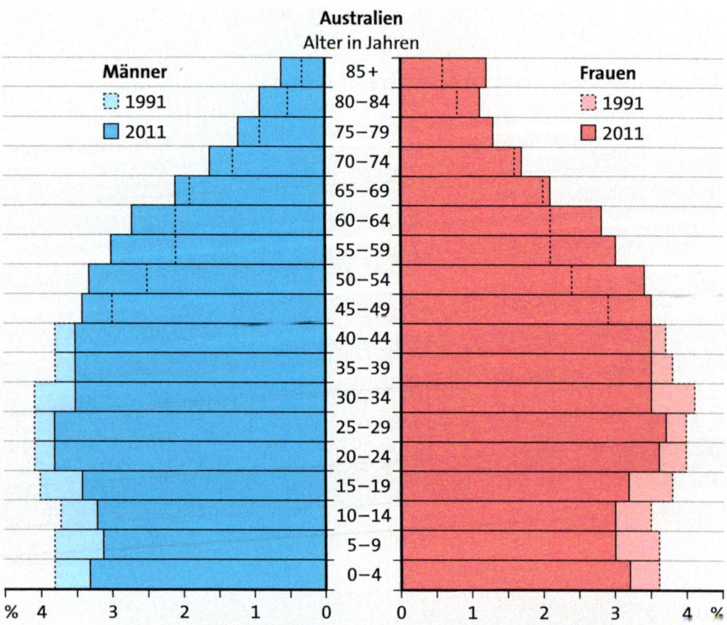

Gesamtbevölkerung 1991: **17,211 Mio.** / 2011: **21,875 Mio.**

Bevölkerungs- und Sozialstruktur

Australien ist mit seiner Gesamtfläche von rund 7,7 Mio. km² etwa 21,5-mal so groß wie Deutschland, hat jedoch mit 22,6 Mio. nur ein Viertel so viele Einwohner. Von diesen sind 92 % Weiße, 7 % Asiaten und 1 % **Aborigines** u.a. Australien hat sich mehr und mehr zu einem verstädterten Kontinent entwickelt. Lebten 1911 noch rund 43 % der Bevölkerung in ländlichen Regionen, so sind es heute nur noch 11 %. Ähnlich wie in Deutschland ist in Australien nicht nur die Tendenz zur Überalterung der Bevölkerung zu beobachten, sondern auch deren Auswirkungen, beispielsweise auf dem Arbeitsmarkt und im Gesundheitswesen.

101 **Bevölkerungsentwicklung Australiens seit Beginn der weißen Besiedlung**

Nach http://de.wikipedia.org/wiki/Datei:AUS_Bev%C3%B6lkerungsentwicklung_1788_bis_2008.png, März 2012, ergänzt

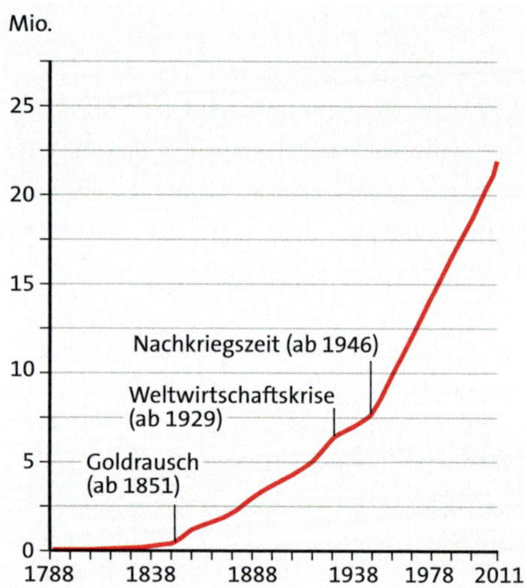

62 Beschreiben Sie die demographische Entwicklung Australiens.

63 Erläutern Sie, wie Australien den Auswirkungen begegnet, die sich aus der demographischen Situation ergeben können.

64 Vergleichen Sie die Aussagekraft der Karten zur Bevölkerungsverteilung auf dieser Seite (Karte 99) und auf S. 50 (Karte 107).

65 Nehmen Sie Stellung zur Einschätzung des australischen Alterssicherungssystems durch einen großen deutschen Privatversicherer

Allerdings ergaben Untersuchungen, dass australische Frauen wieder mehr Kinder zur Welt bringen. Ob diese Tendenz das Ergebnis einer Werbekampagne des ehemaligen australischen Finanzministers Peter Costello „Eins für Mama, eins für Papa und eins für Australien“ aus dem Jahre 2004 ist oder aber doch eher auf die Zahlung eines steuerfreien Babybonus zurück zu führen ist, lässt sich nicht beweisen. Verheiratete und unverheiratete Frauen erhalten unabhängig vom Einkommen eine einmalige Prämie, die seit der Einführung 2004 inzwischen von 3000 auf 4000 AUD erhöht worden ist.

102 Haushaltsgrößen in Australien

Nach Australian Bureau of Statistics. Yearbook Australia 2009–2010, S. 217

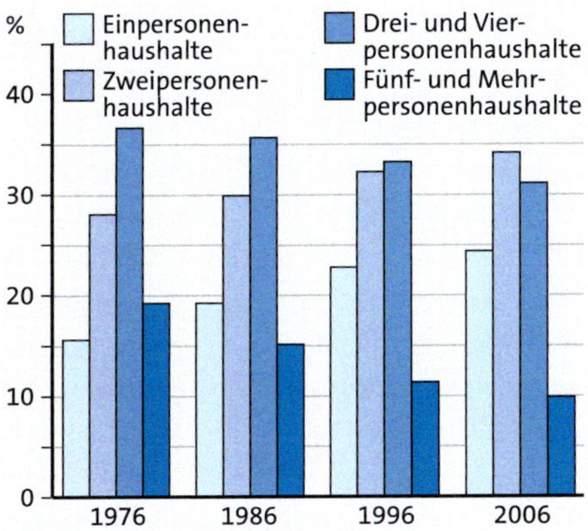

103 Ausgaben des australischen Staatshaushalts (in % des BIP)

Nach http://archive.treasury.gov.au/igr/igr2010/report/html/05_Chapter_4_Ageing_pressures_and_spending.asp, März 2012

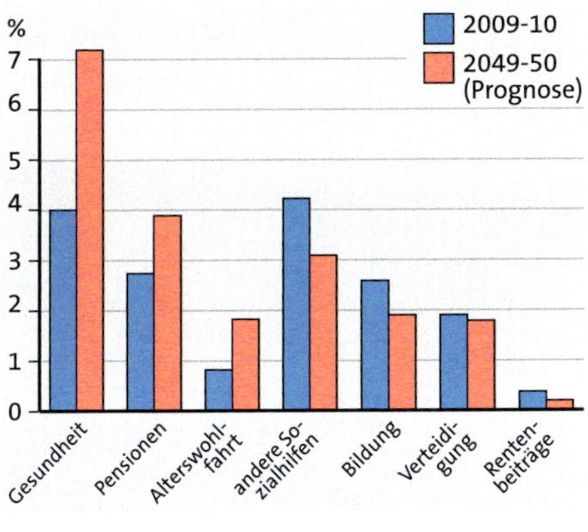

104 Strukturdaten Australiens im Überblick

Nach Der Fischer Weltalmanach 2012. Frankfurt am Mai: Fischer Taschenbuchverlag 2011, und Australian Bureau of Statistics 2011, ergänzt
* Rohöleinheiten

	1960	1980	2000	2011
Fläche (km²)				7 692 030
Einwohner (Mio.)	10,275	14,692	19,153	21,875
Bevölkerungswachstum	2,3	1,2	1,2	2
Geburtenrate (%)	2,24	1,53	1,3	1,35
Sterberate (%)	0,86	0,73	0,67	0,64
Lebenserwartung (Jahre)	71	74	79	82
Fruchtbarkeitsrate (Kinder pro Frau)	3,5	1,9	1,8	1,9
Verstädterungsrate (%)	81,5	85,8	87,2	88,9
Kindersterblichkeit (‰)	25	13	6	5
Säuglingssterblichkeit (‰)	20,3	10,9	5,1	4,3
Anzahl der Haushalte	2 782 000	4 668 000	7 249 911	8 558 475
HDI-Wert	–	0,850	0,906	0,929
HDI-Rang	–	1	5 / 2	2
Energieverbrauch (kg/RÖE*)	3 064	4 737	5 687	5 636
Mobiltelefone (1 000 Personen)			447	1 010
Bildungsausgaben (% des BIP)	k. A.	5,1	4,7	4,7
Gesundheitsausgaben (% des BIP)	k. A.	7,4	8,0	7,7

105 Alterssicherung in Australien

„Der Altersquotient wird sich bis 2050 verdoppeln. Die Auswirkungen auf das australische Rentensystem werden gering sein, da eine kapitalgedeckte, obligatorische Säule das zentrale Element des Rentensystems bildet, das weniger vom demografischen Wandel betroffen ist als umlagefinanzierte Systeme. Es besteht aus drei Säulen: der steuerfinanzierten und bedarfsabhängigen Grundsicherung, der ‚Altersrente‘ (Age Pension), der kapitalgedeckten, betrieblichen Absicherung in Form von ‚Superannuation Funds‘[*] sowie freiwilliger privater Vorsorge. Die Altersrente wird ausschließlich aus allgemeinen Steuermitteln finanziert und dient neben der Umverteilung lediglich der Grundsicherung. Daher sind die Beiträge zur betrieblichen Altersvorsorge obligatorisch; sie belaufen sich auf mindestens 9 % des Gehalts und werden allein vom Arbeitgeber getragen. Diese Beiträge sind wie Beiträge zur privaten Altersvorsorge steuerbegünstigt. Die staatliche Altersrente dient lediglich der Grundsicherung, d. h., je höher die sonstigen Einkommen, wie Leistungen aus betrieblicher und privater Altersvorsorge, und das Vermögen, desto geringer sind die staatlichen Leistungen. 2007 bezogen rund 77 % aller Australier, die 65 und älter waren, Leistungen der staatlichen Altersrente. Die Rentenzahlungen aus der zweiten Säule, den ‚Superannuation Funds‘, waren bislang gering, da diese erst 1992 eingeführt wurden.“ Fact Sheet Australien. Allianz 2009, gekürzt

* Superannuation = 7,5 Prozent Pflichtabgabe in eine Pensionskasse

106 **Stadtland Australien (Einwohnerzahlen nach Volkszählung 2006)**

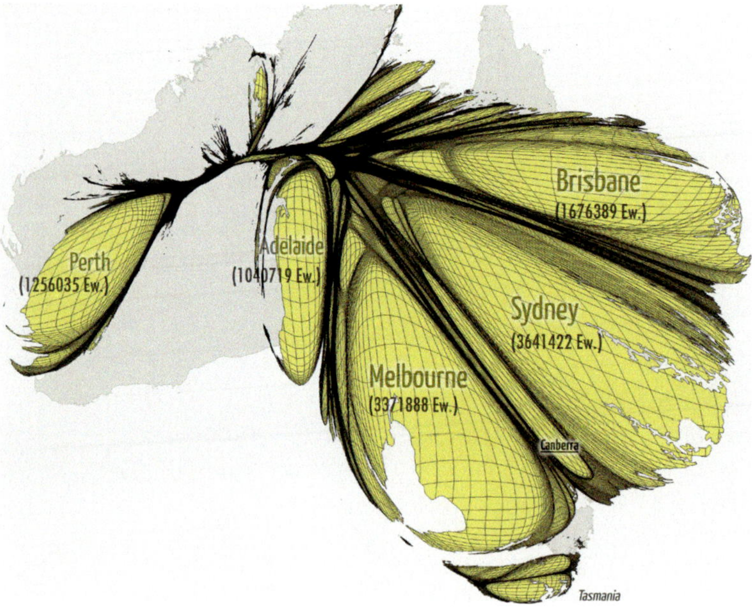

107 **Irgendwo im Nirgendwo**

„Irgendwo in der Weite des Outbacks liegt die kleine Ortschaft Coober Pedy. Mit nur 3 500 Einwohnern aus mehr als 45 verschiedenen Nationen wäre es nach deutschen Maßstäben nur ein größeres Dorf, in Australien ist es ein Mittelzentrum mit einem Einzugsbereich so groß wie Niedersachsen. Bekannt wurde Coober Pedy als Hauptstadt des größten Opal-Abbaugebiets der Welt und für das unterirdische Leben. Aufgrund der Sommertemperaturen von 40 °C und mehr wurde das private und gesellschaftliche Leben einfach unter Tage verlegt, wo angenehme 21 °C herrschen. Bei den komfortablen Wohnhöhlen fehlen nur die Fenster, ausreichende Frischluftzufuhr erfolgt über luxuriöse Klimaanlagen.

Die Homepage Coober Pedys wirbt mit einer unglaublichen Ausstattung: einem Flugplatz, einem Krankenhaus, verschiedenen Arztpraxen, einer Kunstgalerie, zahlreichen Hotels, mehr als zehn Restaurants und einem Golfplatz, bei dem es dem Green am charakteristischen Grün etwas fehlt ...“

Nach www.cooberpedy.sa.gov.au/site/page.cfm?u=191, www.down-under-guide.com/stadt/coober-pedy, März 2012

Verstädterter Kontinent

Australien ist mit einer Bevölkerungsdichte von 3,4 Ew./km² nach der Antarktis der am dünnsten besiedelte Kontinent der Erde. Dabei lebten 2010 von der Gesamtbevölkerung Australiens 89,1 % in Städten.

Etwa die Hälfte der Bewohner konzentriert sich auf den schmalen südöstlichen Küstenstreifen Australiens zwischen dem St.-Vincent-Golf und Brisbane. Dort liegen auch – mit Ausnahme von Perth – die wenigen Millionenstädte: Adelaide, Melbourne, Sydney, Newcastle und Brisbane. Mit Ausnahme dieser Südwestküste hat Australien eine Bevölkerungsdichte von weniger als 1 Ew./km², die inneren Wüsten sind quasi unbewohnt.

Tote Mitte

Das **Outback**, die menschenleere, weiträumige Mitte Australiens, ist eine riesige Streusiedlungszone. Auf über 80 % der Fläche Australiens verlieren sich etwa 4 % der Bevölkerung – trotz umfangreicher Maßnahmen zur „Inwertsetzung der Toten Mitte“. Dazu gehört der Ausbau der Verkehrsinfrastruktur mit neuen Eisenbahnlinien sowie der Ausbau des Straßennetzes, wodurch die Erreichbarkeit verbessert und damit der Abwanderung entgegengewirkt werden soll.

Entscheidende Entwicklungsimpulse sollen von den bergbaulichen Erschließungsmaßnahmen ausgehen, obwohl die weiträumige Verteilung der Rohstoffvorkommen und die sehr isolierte Lage vieler Siedlungen ungünstige Voraussetzungen für Zentralitätsfunktionen mit sich bringen. Wichtigere Bergbaustädte könnten aber als regionale Zentren der Verwaltung, als Militärstandorte oder auch als touristische Anlaufpunkte an Bedeutung gewinnen.

Material
Leben im Outback
104113-2404

Material
Global Cities
104113-2405

Material/Surftipp
Sydney, Melbourne
104113-2406

108 Fact Sheet Sydney

"Although a relatively small city by international population standards, Sydney is actively involved in the global economy. Its capacity to create and sustain global connections supports the premise that connectivity, rather than city size, determines economic success in the global context.

- Although, in terms of population, Sydney ranks close to 70th in size internationally – with approximately 4 million residents – it rates very highly in terms of other criteria.
- Sydney's is the regional headquarters to more than 500 global corporations operating in the Asia Pacific region.
- Sydney's economic size is estimated at approximately US$ 175 billion, which represents 25–30 % of Australia's total economic activity.
- In terms of existing office stock, Sydney ranks among the top 15 world cities, with its Central Business District (CBD) comprising 5 million square metres.
- Sydney's strategic geographical location enables corporations to maximise their potential by operating 24-hours a day. Due to its particular geographical longitude, Sydney is able to integrate its ‚working' time zone with that of Europe and North America.
- 474 international flights depart from Sydney each week and the city is serviced by over 40 international airlines.
- Sydney's communications infrastructure offers capacity, reliability and cost effectiveness.
- There are five universities within the Sydney Metropolitan area, three of which are all world class institutions located close to the city centre.
- Sydney's multicultural workforce is ideally suited to the global economy.
- Sydney's amenity is reflected in its selection as the ‚World's Best City' for several years in a row by the top travel magazines."

The city of Sydney auf www.sydneymedia.com.au/html/2291-global-sydney.asp, März 2012

109 Sydney in der Weltstadthierarchie der Global Cities und deren Netzwerken

Nach J. Friedmann, in Rainer Wehrhahn: Global Cities und Global-City-Regions. In: Geographie und Schule, 29. Jg., H. 165 (Febr.). Köln: Aulis 2007, S. 5

110 Global City Sydney

"Sydney is considered an 'alpha+' world city, one of only nine, according to the Loughborough University [Sydney] 'Global and World Cities' group data inventory, and is ranked as the 7th most connected city to the global economy, behind New York, London, Tokyo, Paris, Hong Kong and Singapore."

www.cityofsydney.nsw.gov.au/AboutSydney/CityResearch/GlobalSydney.asp, März 2012

66 Auswertung Karte 106
a) Beschreiben Sie diese Darstellungsform der Bevölkerungsverteilung Australiens.
b) Beurteilen Sie deren Aussagekraft.

67 Erläutern Sie die Gründe für die Bevölkerungskonzentration an der Küste Australiens.

68 Vergleichen Sie die Ausstattung Coober Pedys mit einer Siedlung vergleichbarer Größe in Ihrer Umgebung (Text 107).

69 Vergleichen Sie auf der Grundlage einer Internetrecherche die beiden bedeutendsten Städte Australiens, Sydney und Melbourne (s. a. Online-Link 104113-2406):
a) Beschreiben Sie die Stadtpläne.
b) Charakterisieren Sie die Stadtstrukturen und -funktionen.
c) Bewerten Sie nach Ihrem Vergleich, ob Canberra als australische Hauptstadt „lachender Dritter" sein kann.

Seite 52/53
Hauptstadt Canberra

70 Beurteilen Sie die Selbsteinordnung Sydneys als Global City (Text 110).

111 **Walter Burley Griffin (Greif) 1876–1937**

112 **Bevölkerungsentwicklung Canberras**

Jahr	Einwohner
1911	1714
1921	2572
1933	8947
1947	16905
1961	58828
1971	151169
1981	227581
1991	289320
2001	319317
2011	356100

Grüne Hauptstadt vom Reißbrett

113 **Walter Burley Griffin's Wettbewerbsentwurf für Canberra von 1911 / 12**

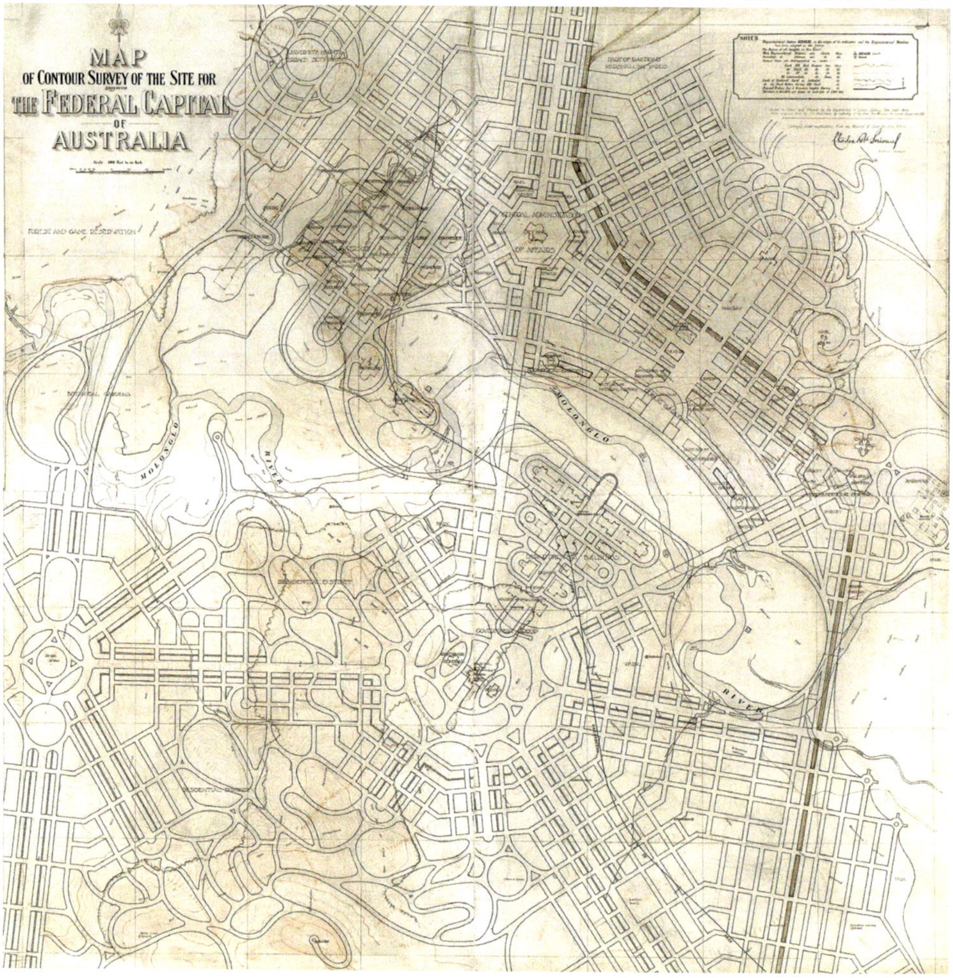

Wussten Sie, wie die Hauptstadt Australiens heißt? Sydney, Melbourne? Canberra! Oft wird der Regierungs- und Parlamentssitz des fünften Kontinents als langweilige Beamtenstadt oder gar als „Australiens größte beleuchtete Viehweide" karikiert. Canberra hat es schwer, aus dem Schatten der bekannten Millionenstädte Sydney und Melbourne herauszutreten. Gleichwohl ist Canberra eine moderne Metropole, in der eine hohe Lebensqualität herrscht – und das sogar inmitten einer landschaftlich reizvollen Umgebung.

71 Beschreiben Sie die Grundzüge von Griffins Entwurf (Plan 113).

72 Erörtern Sie die Entscheidung, mit Canberra eine Hauptstadt komplett neu zu planen.

73 Vergleichen Sie die ursprüngliche Konzeption als Gartenstadt mit dem heutigen Stadtbild Canberras.

74 Vergleichen Sie die Stadtanlage Canberras mit mitteleuropäischen Stadtmodellen.

75 Gestalten Sie in eine Präsentation zu einer anderen Hauptstadtneugründung (z. B. Abuja, Brasília, Astana).

Material
Gartenstadtkonzept
104113-2407

Material
Mitteleurop./nordam. Stadt
104113-2408

Material
Hauptstadtverlagerungen
104113-2409

Wieso Canberra?

Wenn zwei sich streiten, freut sich ein Dritter. Der Dritte in diesem Bund war Canberra – wobei es die Stadt damals noch gar nicht gab. Als sich die ehemaligen britischen Kolonien, heute die Bundesstaaten und Territorien, am 1. Januar 1901 zur Gründung des Commonwealth-Staates Australien zusammenschlossen, meldeten die beiden größten Städte Australiens, Melbourne im Bundesstaat Victoria und Sydney in Neusüdwales, ihre Ansprüche auf den Regierungs- und Parlamentssitz an.

Man stritt und klagte – und zwang so die Gründerväter zu einem Kompromiss: Die neue Hauptstadt wird auf halbem Wege zwischen Sydney und Melbourne im Monaro-Tafelland entstehen.

Bis die neue Metropole errichtet war, durfte Melbourne als Interimssitz des Parlaments fungieren.

1912 gewann der amerikanische Architekt Walter Burley Griffin den Stadtplanungswettbewerb für die neue Hauptstadt. Griffin kannte den fünften Kontinent bis dahin nur aus Erzählungen, aber er kreierte am Reißbrett eine großzügig angelegte Stadt, deren Entwurf als **Gartenstadt** im Wesentlichen an einer anderen Retortenstadt, nämlich an Washington D.C., orientiert war. Als Kernstück entwarf Griffin ein Dreieck mit dem Parlamentsgebäude an der Spitze und einem künstlichen See als Mittelpunkt.

Die Grundsteinlegung für Canberra, was in der Sprache der **Aborigines** „Versammlungsplatz“ bedeutet, erfolgte 1913. Durch den Ersten Weltkrieg und die anschließende Rezession verzögerte sich das Projekt, sodass erst 1927 der Regierungssitz endgültig von Melbourne nach Canberra verlegt werden konnte. Damals lebten gerade einmal 5 000 Menschen in der Minimetropole, heute sind es mehr als 350 000.

114 **Stadtzentrum Canberras heute**

115 **Großraum Canberra heute**

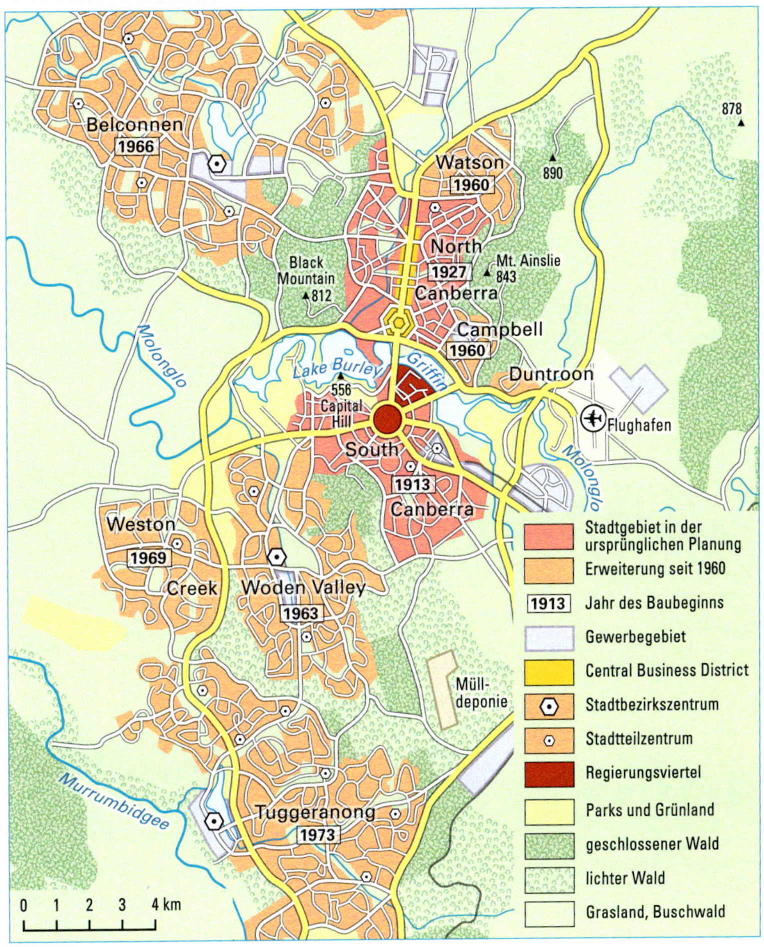

116 **Auswanderung bringt Verbesserung**

Neuseeland – (k)ein Aussteigerparadies?

117 **Vision for positive ageing**

"Our vision is for a society where people can age positively, where older people are highly valued and where they are recognised as an integral part of families and communities. New Zealand will be a positive place in which to age when older people can say they live in a society that values them, acknowledges their contributions and encourages their participation."

Ministry of Social Development [of New Zealand]: www.msd.govt.nz/about-msd-and-our-work/publications-resources/planning-strategy/positive-ageing/vision.html, März 2012

Neuseeland ist einer der letzten von Menschen erreichten Erdräume. Seine Ureinwohner, die Maoris, besiedelten nach neueren Datierungsergebnissen die Inseln spätestens ab dem 13. Jh. von Ostpolynesien aus.

Wie Australien gehört Neuseeland zu den klassischen Einwanderungsländern. Allerdings erfolgte die europäische Kolonisierung ausschließlich durch freie Siedler. 1814 brachten die ersten Missionare Schafe, Rinder und Pferde ins Land. 1819 kam es zu den ersten schweren Auseinandersetzungen zwischen den Maori und den europäischen Einwanderern. Diese Unruhen sollten bis ins Jahr 1833 weitergehen, bis ein Gesandter von der britischen Krone nach Neuseeland geschickt wurde. Im Vertrag von Waitangi erkannten 1840 die Maorihäuptlinge offiziell die Souveränität der britischen Krone an. Dennoch kam es in den folgenden Jahren infolge der systematische Besetzung durch die Europäer zu Spannungen mit den Maori, ehe sie 1867 erstmals das Wahlrecht und vier Sitze im Parlament erhielten.

118 **Neuseeländisches Rentensystem**

„Zentrale Säule ... ist die staatlich finanzierte Grundversorgung, die seit über 100 Jahren allen neuseeländischen Bürgern ein Renteneinkommen sichert. Die Höhe der Rente wird jährlich der Entwicklung der Lebenshaltungskosten angepasst und orientiert sich an der durchschnittlichen Entwicklung der Löhne und Gehälter. Außerdem wird die Anzahl der Haushaltsmitglieder und der Familienstand in die Berechnung der Rentenhöhe einbezogen. Für ein Ehepaar, bei dem beide Partner älter als 65 Jahre sind und ein Partner berufs tätig war, entspricht die Grundversorgung mind. 65 % des durchschnittlichen nationalen Nettoeinkommens pro Kopf. Für einen Single liegt die Grundversorgung bei 40 % und entspricht derzeit ca. 13 000 NZ$. Erst seit den achtziger Jahren wird zusätzlich zur Grundversorgung die freiwillige private Vorsorge gefördert. Neben der Schaffung finanzieller Anreize sind von der Regierung umfangreiche Maßnahmen eingeleitet worden, um die Bürger für die Bedeutung der Privatrente zu sensibilisieren und sie bei der individuellen Versorgungsplanung zu unterstützen. Ähnlich wie in den skandinavischen Ländern besteht auch in Neuseeland das gesellschaftliche Ziel, Senioren einen angemessenen und angenehmen Ruhestand zu ermöglichen. Angestrebt wird die gesellschaftliche Teilhabe Älterer durch Angebote, die von der Ermöglichung eines Altersstudiums bis hin zu einer angemessen medizinischen Versorgung in der Pflege reichen."

Aus Bertelsmann-Stiftung, Rahmen und Aktivitäten zur Gestaltung sinnvoller Tätigkeitsbiographien – Der Blick ins Ausland. Teil 6: Neuseeland. 2006, gekürzt

Im Unterschied zu den **Aborigines** in Australien werden die Maori seit den 1970er-Jahren besonders gefördert. Es gibt Radio- und Fernsehsendungen und Zeitungen in der Maorisprache. Außerdem werden die Abgeordneten der für die Maori reservierten Parlamentssitze in getrennten Wahlkreisen gewählt. Weiterhin wird die traditionelle Maorikultur systematisch touristisch vermarktet.

119 Deutsch vom anderen Ende der Welt

„Ich bin jetzt seit 2,5 Jahren hier in Neuseeland. Ich arbeite in der Gastronomie (Manager) und mit 10 Jahren Berufserfahrung war es kein Problem eine permanente Aufenthaltsgenehmigung zu bekommen. Mich hat das ungefähr NZD 5 000 gekostet, wenn man das Übersetzen von Dokumenten etc. rechnet. Im Großen und Ganzen gefällt es mir noch immer gut. Als ich zuerst hergekommen bin, war es für ein Jahr geplant, und mir hat es nicht wirklich gefallen. Aber dann, irgendwie passt man sich an und fängt an so zu leben wie die Kiwis. Die Lebenskosten etc. sind so ziemlich gleich wie in Deutschland, ich finde nicht, dass man mehr oder weniger hat. Man kann gutes Geld verdienen, in manchen Berufen, aber so in den ‚normalen' [Dienstleistungsqualifikationen] verdient man nicht so viel. Ich habe gerade angefangen IT zu studieren und arbeite jetzt nur Teilzeit am Wochenende. Mein Arbeitgeber ist sehr hilfreich, und unterstützt mich. Das ist etwas, was in NZ gut ist. Familie kommt normalerweise zuerst, auch im Arbeitsleben. Dann gibt es da auch ein paar Nachteile, gerade in der Gastronomie. Ich bin Manager, und es ist sehr hart gutes Personal zu finden, da die Gastronomie hier nicht so eine Karriere ist wie in Europa oder anderswo. Die meisten Leute die hier arbeiten, sind Studenten (auch in 5 Sterne Hotels), und als qualifizierter Deutscher kann man da schon die Krise kriegen. Für viele Leute ist Gastronomie keine Karriere, und nur ein Job. Mich hat das so gestört, dass ich beschlossen habe zu studieren ... Mein Kurs ist für 3 Jahre, Bachelor of Computing Systems, und ich hoffe, dass ich danach einen Job finde und auch etwas mehr Geld verdiene, oder wenigstens den Luxus habe, bessere Arbeitszeiten zu haben. Ich wohne in Napier, Hawkes Bay."

Katja Feldtmann, 22.05.2010, auf www.wohin-auswandern.de/auswandern-neuseeland, März 2012, gekürzt

120 Stadtland Neuseeland (Einwohnerzahlen nach Volkszählung 2006)

Bevölkerungspyramide nach US Census Bureau, International Data Base, 2011

Gegenwärtig leben im neuseeländischen Ballungsraum Auckland etwa 1,5 Mio. Menschen. Bis 2031, so eine neue statistische Untersuchung, wird dort ein Anstieg der Einwohnerzahl auf etwa 2 Mio. erwartet.

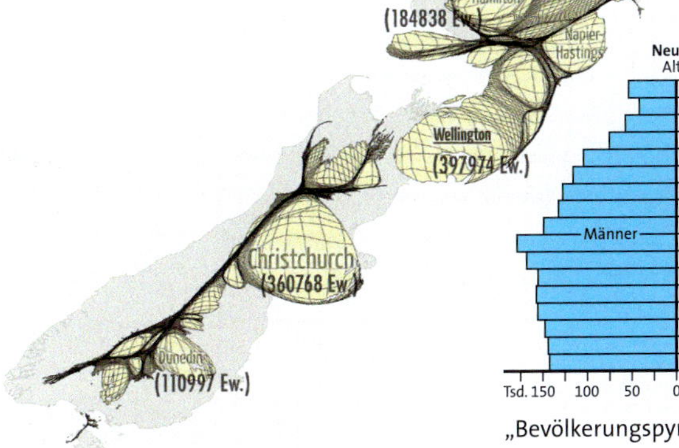

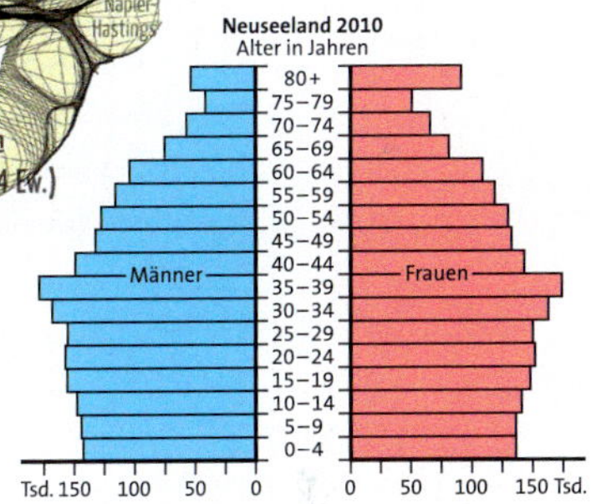

„Bevölkerungspyramide" 2010

121 TOP 10 der in Übersee geborenen Neuseeländer (Census 2006)

www.stats.govt.nz/Census/2006CensusHomePage/QuickStats/quickstats-about-a-subject/culture-and-identity.aspx, März 2012

Land	2006	Rang	1996	Rang
England	202 401	1.	180 564	1.
China	78 117	2.	19 518	6.
Australien	62 742	3.	54 711	2.
Samoa	50 649	4.	42 177	3.
Indien	43 341	5.	12 807	10.
Südafrika	41 676	6.	11 334	15.
Fidschi	37 749	7.	18 774	7.
Schottland	29 016	8.	30 894	4.
Südkorea	28 806	9.	12 183	11.
Niederlande	22 101	10.	23 430	5.

122 Demographische Situation Neuseelands 2011

www.ipicture.de/: Stichwort Neuseeland, März 2012

Einwohner:	4 290 347
(23 % im Ausland geb.)	
0–14 Jahre:	20,4 %
15–64 Jahre:	66,4 %
65 u. älter:	13,2 %
Urbanisierungsgrad:	86 %
Sterberate:	0,7 %
Geburtenrate:	1,4 %
Kinder / Frau:	2,1
Lebenserwartung:	80,6 J.
Ethnien:	
Pakeha (Europäer):	69 %
Maori:	15 %
Asiaten:	9 %
Pazifische Insulaner:	7 %
Bev.-Dichte:	15 Ew. / km²

76 Vergleichen Sie die demographische Situation Neuseelands mit Australien.

77 Nehmen Sie zur Überschrift der Karikatur 116 Stellung.

78 Erörtern Sie, inwieweit Neuseeland ein Paradies für Aussteiger ist. Recherchieren Sie dazu weitere aktuelle Beiträge im Internet.

79 Vergleichen Sie die Situation der Aborigines in Australien mit der der Maori in Neuseeland.

3 Australien / Ozeanien als Beziehungsraum

Je nach Sicht des Kartographen für seine Nutzer liegt Australien / Ozeanien auf einer Weltkarte entweder am Rande oder im Mittelpunkt der Welt. Diese unterschiedliche Perspektive verändert allerdings nicht die Lage in einer Welt, die zusehends zusammenrückt und in der Entfernungen eine abnehmende Bedeutung haben. In dieser „Shrinking world“ ist Sydney einerseits zwar immer noch 16 200 km und damit rund 20 Flugstunden von Hannover entfernt, andererseits aber lösen Verbindungen über das Internet die zeitliche und räumliche Distanz auf.

Lagebeziehungen spielen auf allen Maßstabsebenen eine Rolle. Dabei geht es einerseits um die Lage an sich und andererseits um die Herstellung einer Lagebeziehung bzw. um die Verteilung und Verflechtung räumlicher Sachverhalte. Für die Begründung des Standortes Australien im Welthandel ist beispielsweise auch seine Lage innerhalb des Bezugsraumes Asien / Pazifik von Bedeutung.

Hierbei geht es auch um Aspekte von **Gunst- und Ungunsträumen**, wobei vorhandene Potenziale zu berücksichtigen sind. Beziehungen drücken sich auch durch Konkurrenzsituationen aus. Bei einer Beurteilung Australiens als klassisches Einwanderungsland geht es auch um Distanzen, wenn mit den Quell- und Zielregionen der Migranten die räumliche Dimension in den Blickwinkel gerät. Gleiches gilt für die Herkunftsregionen der Touristen.

Lagebeziehungen ergeben sich ebenfalls im Hinblick auf physisch-geographische Aspekte, z. B. bei den Auswirkungen der Zirkulationsverhältnisse über dem äquatorialen Pazifik (vgl. S. 20 – 21 und 60 – 61).

Nicht zuletzt kann der Beziehungsraum Australien / Ozeanien auch unter geopolitischem Aspekt betrachtet werden. Obgleich kein Mitglied, gehört Australien z. B. neben den NATO-Mitgliedern zu den wichtigsten Verbündeten der USA.

1 Weltweite Geld-, Waren- und Touristenströme

Nach Atlas der Globalisierung. Berlin: Le Monde diplomatique / taz-Verlags- und Vertriebs GmbH 2006, S. 43, aktualisiert nach Weltbank 2010, auf http://data.worldbank.org/data-catalog/world-development-indicators, März 2012

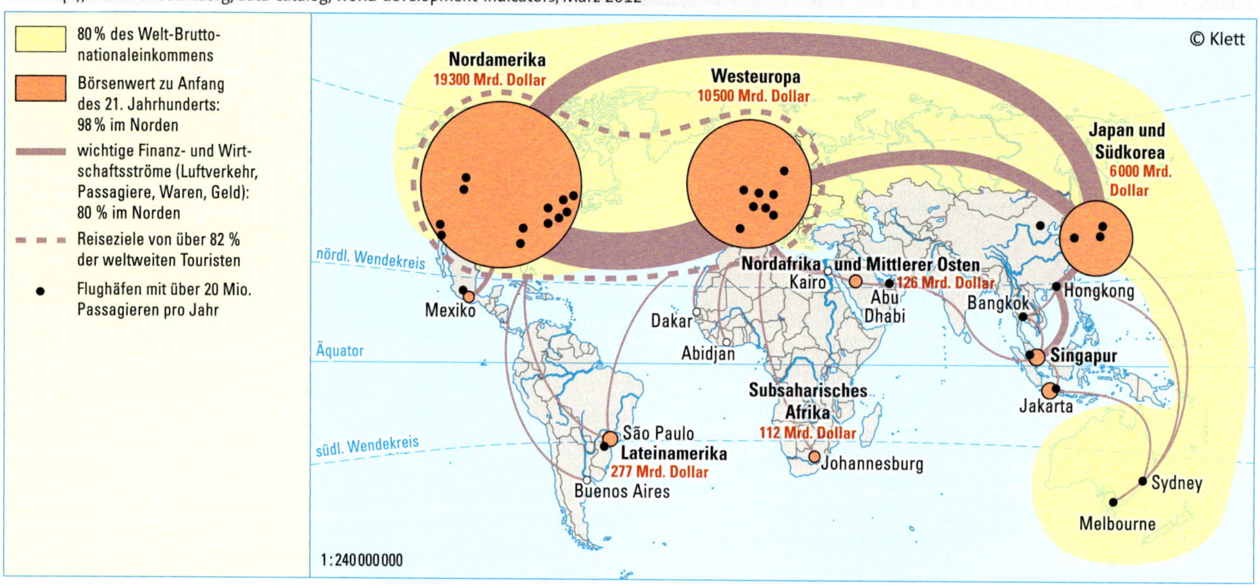

Kompetenzen erwerben:

- am Beispiel Australien/Ozeaniens die Bedeutung von Lagebeziehungen auf allen Maßstabsebenen hinsichtlich der Verteilung und Verflechtung räumlicher Sachverhalte darstellen,
- Australien/Ozeanien in die erdweiten geologischen Prozesse einordnen,
- Ursachen des Klimawandels benennen und dessen Folgen für Australien/Ozeanien beurteilen,
- Australiens Bemühungen zur Reduzierung klimagefährdender Gase beurteilen,
- Ursachen und Erscheinungsformen internationaler und globaler Verflechtungen beschreiben,
- den Stellenwert Australien/Ozeaniens in der Weltwirtschaft charakterisieren,
- die Raumbeziehungen des australischen Migrationsgeschehens darstellen,
- beim Tourismus zwischen Image und Wirklichkeit unterscheiden,
- zum Thema „Traumziel Australien/Neuseeland“ eine PowerPoint-Präsentation gestalten,
- eine SWOT-Analyse zum neuseeländischen Tourismus entwickeln,
- Problemstellungen formal korrekt und sprachlich angemessen erörtern.

Material/Surftipp
US-Stützpunkte im pazifischen Raum
104113-3101

Material
Australien im zirkumpazifischen Raum
104113-3102

Material
Australien und die ASEAN
104113-3103

3.1 Weltweit verflochten „am anderen Ende der Welt“

2 Arbeiten am Ende der Welt

„Wer innerhalb eines Programms fliegt, hat wenig Organisationsaufwand und bekommt Unterstützung bei allen Schritten – zahlt mit dem durchschnittlichen Programmpreis von 1800 Euro (inklusive Flug) aber rund ein Drittel mehr. Allerdings ist es eines der gängigsten Missverständnisse von Australien-Travelern, eine Jobgarantie zu erwarten.“

Sebastian Blottner auf WELT ONLINE vom 28.09.2010, März 2012, gekürzt

Australien/Ozeanien ist von allen internationalen Flughäfen erreichbar. Zahlreiche Schifffahrtsrouten verbinden den Raum mit allen wichtigen Seehäfen. Damit sind verkehrstechnisch die besten Voraussetzungen für die Teilnahme am Welthandel und damit den Ex- und Import von Waren und Dienstleistungen gegeben.

Darüber hinaus ist Australien Mitglied in verschiedenen militärischen, politischen und wirtschaftlichen Bündnissen, wobei auch hier eine unterschiedliche räumliche Fokussierung deutlich wird. Darunter sind APEC (Asia-Pacific Economic Cooperation), G20, OECD, UN und **WTO**. Freihandelsabkommen bestehen mit der **ASEAN** (Association of Southeast Asian Nations), Chile, Neuseeland, Singapur, Thailand und den USA. Insbesondere das ANZCERTA-Vertragsabkommen (Australia New Zealand Closer Economic Relations Trade Agreement) mit Neuseeland zeigt die enge Verbindung beider Volkswirtschaften. Bei den internationalen Beziehungen Australiens und Neuseelands haben die Verbindungen nach Europa traditionell einen hohen Stellenwert.

Australien erhebt seit 1933 Anspruch auf ein Gebiet in der rund 7000 km entfernten Antarktis und ist dort seit 1954 mit einer Station vertreten. Auf den Abbau der Bodenschätze soll laut Antarktisvertrag zumindest bis zum Jahr 2041 verzichtet werden.

3 Australien im weltweiten Frachtverkehr zur See

www.worldshipping.org/about-the-industry/global-trade/top-50-world-container-ports, Mai 2012
www.iaphworldports.org/LinkClick.aspx?fileticket=RrDRh-BtJt4%3d&tabid=4879, Tab. 14, Mai 2012

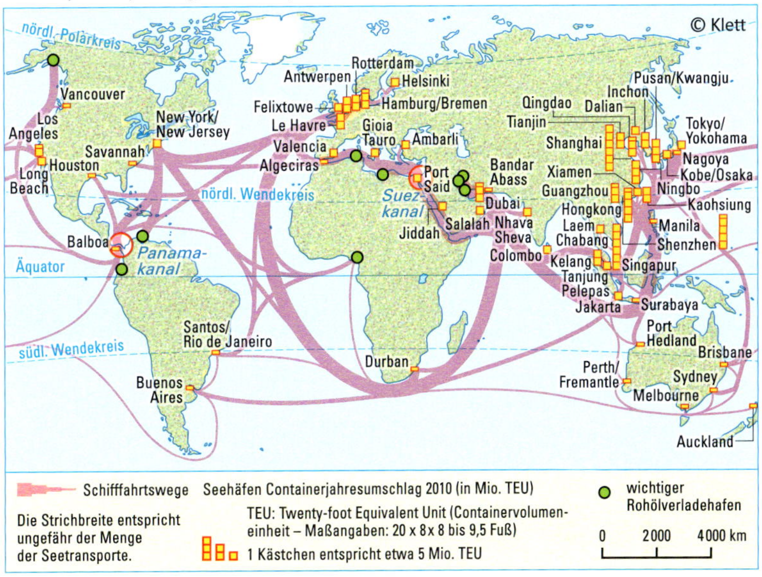

4 Antarktis – Territoriale Ansprüche und Bodenschätze

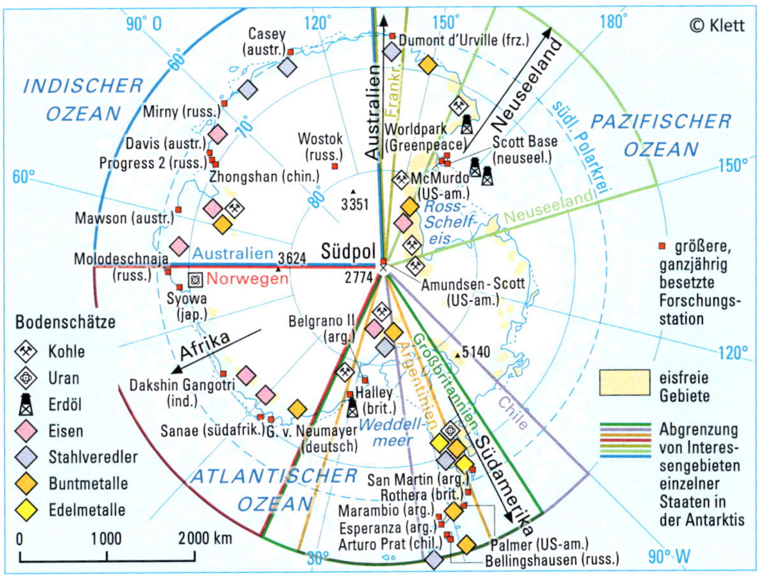

1 „Australien liegt immer noch am Ende der Welt“. Erörtern Sie, ausgehend von den Materialien dieser beiden Seiten, inwiefern diese Aussage zutrifft.

5 Die Kathedrale der Metropole der neuseeländischen Südinsel in Trümmern

6 Schwere Erdbeben in Australien / Ozeanien seit 1900

Datum: Stärke (Richterskala), betroffener Raum

16.11.1901: 6,9; Canterbury, Neuseeland (NZ)

19.11.1906: 7,5; Westküste Westaustralien (WA)

17.06.1929: 7,8; West Coast, NZ

03.02.1931: 7,8; Hawke's Bay, NZ

29.04.1941: 7,3; Meeberrie, WA

24.06.1942: 7,2; Wellington, NZ

14.10.1968: 6,8; Meckering, WA

22.01.1988: 6,7; Tennant, Northern Territories (NT)

06.02.1995: 7,0; Gisborne, NZ

15.07.2009: 7,8; Southland, NZ

22.02.2011: 6,2; Christchurch, NZ

Nach www.seismicity.see.uwa.edu.au/welcome/seismicity_in_australia, März 2012

7 Das Erdbeben von Christchurch am 22.02.2011

„Christchurch ist von dem Erdbeben der Stärke 6,3 gezeichnet: Tiefe Löcher klaffen im Asphalt, Schuttberge häufen sich auf den Straßen. Mehrstöckige Gebäude fielen wie Kartenhäuser in sich zusammen, begruben Menschen und Autos. Zahlreiche Straßen wurden überflutet, weil Rohre geborsten waren. An anderen Orten brachen Feuer aus. Rund 80 Prozent der Stadt waren zeitweise ohne Strom. Auch die Wasserversorgung brach zusammen.

Bei dem Beben starben mindestens 75 Menschen. ‚Die Zahl wird wahrscheinlich noch steigen', teilte das Amt für Zivilverteidigung mit. Hunderte sollen noch unter den Trümmern liegen. Die berühmte Kathedrale der Stadt verlor ihren Kirchturm. Neuseelands Premierminister John Key erklärte nach einer Dringlichkeitssitzung der Regierung den nationalen Ausnahmezustand. ‚So könne die Zusammenarbeit der örtlichen, nationalen und internationalen Ressourcen bei den Rettungsarbeiten optimiert werden', sagte Key.

Angesichts der schweren Schäden verglich Bürgermeister Bob Parker die Innenstadt von Christchurch mit einem Kriegsgebiet. ‚Wir sind wahrscheinlich Zeuge von Neuseelands schwärzestem Tag geworden', sagte Ministerpräsident Key."

sar/dpa/Reuters auf www.spiegel.de/panorama/0,1518,746952,00.html, März 2012

3.2 Seit Jahrmillionen Teil einer Welt in Bewegung

Seit dem Mittelalter spekulierten europäische Gelehrte, dass es im Süden „als Gegengewicht" zu den Landmassen im Norden ein „Südland" geben müsse, die Terra australis incognita. Wenngleich diese Theorie jeder wissenschaftlichen Basis entbehrte, gibt es diesen Kontinent tatsächlich.

Von der Pangäa bis zu Terra australis

Noch in der Trias, also vor etwa 225 Mio. Jahren, waren Europa und Australien gar nicht so weit voneinander entfernt und auf dem Landweg erreichbar. So konnten sich die ersten Dinosaurier über den gesamten damaligen „Urkontinent" ausbreiten. **Pangäa** zerbrach in vielen Etappen, sodass die Zersplitterung der zusammenhängenden Landmasse in mehrere Kontinente schließlich auch zur Separierung der australischen Beuteltiere von den übrigen Säugern führte. Fossilien der Saurier werden deshalb weltweit gefunden, während es das Schnabeltier, den Ameisenbär, den Koala, den Wombat, das Känguru, den Emu oder den Tasmanischen Teufel nur in Australien gibt.

Wohin die Reise geht

Für den australischen Kontinent erwarten die Wissenschaftler große Veränderungen: schnelles Driften nach Norden, Unterwandern der Sunda-Inseln, die als eine neue Gebirgskette der Australischen Platte angegliedert werden. Einige Wissenschaftler prognostizieren, dass die Australische Platte schon jetzt mit den südlichen Inseln Südostasiens zusammenstößt. „Geht dies weiter", meint der amerikanische Geologe Scotese aus Arlington/Texas, „so wird die linke Schulter Australiens abgefangen, der Kontinent dreht sich und stößt mit Borneo und Südchina zusammen. Australien wird dann ein Teil Asiens!"

Material
Plattenbewegungen
104113-3201

Lernen im Netz
System Plattentektonik
104113-3202

Material
Methode Geologische Profilskizze
104113-3203

8 Von der Pangäa zur Australischen Platte

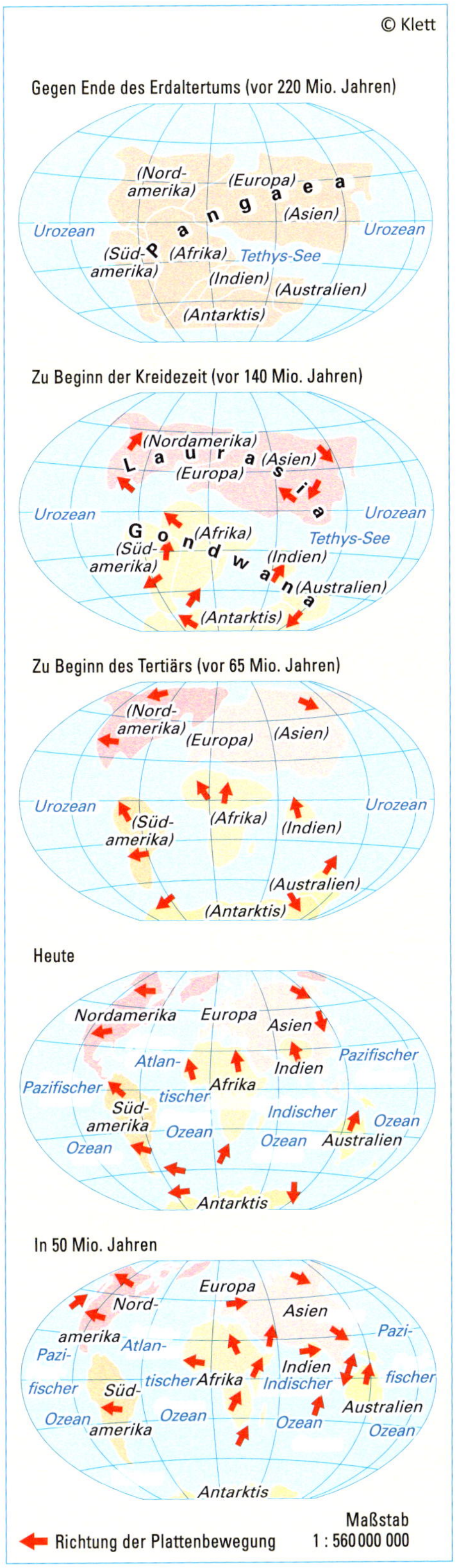

9 Die Australische Platte – ein seismisch hochaktiver Raum

U.S. Geological Survey: Seismicity of the Earth 1900–201, Australia plate and Vincinity, 2011, Ausschn.; PGA nach Schweiz. Erdbebendienst: www.seismo.ethz.ch/eq/glossar/bodenbesch/index, Mai 2012

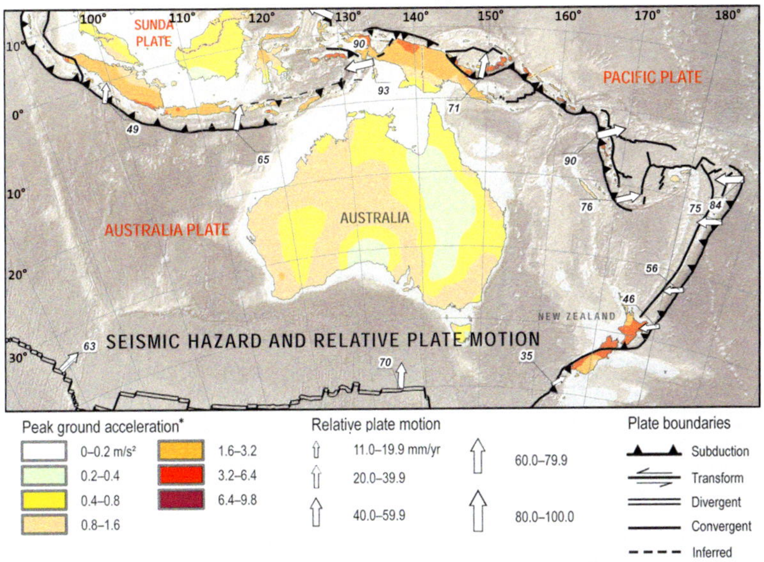

*Peak Ground Acceleration (PGA) – Bodenbeschleunigung: Erdbebenwellen bewirken Bewegungen des Bodens in horizontaler Richtung (in Ausbreitungsrichtung der Wellen und senkrecht dazu) sowie eine senkrechte Auf- und Abbewegung. Eine charakteristische Größe für diese Bodenbewegungen wird mit der maximalen Bodenbeschleunigung angegeben.

10 Neuseelands Position im plattentektonischen Geschehen

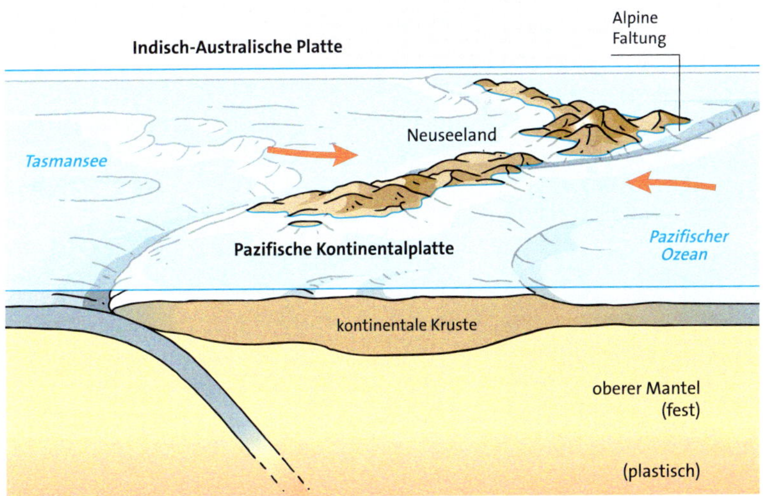

2 Beschreiben Sie die Entwicklung der Kontinente und Ozeane unter besonderer Berücksichtigung der Position Australiens.

3 Erklären Sie die Erdbebenhäufigkeit in Australien und Neuseeland.

4 Gestalten Sie eine Skizze zur Lage Australiens in 50 Mio. Jahren.

3.3 Von globalen Veränderungen besonders betroffen

11 Klimaschwankungen in Australien unter Einfluss der Zirkulationsverhältnisse im Äquatorialen Pazifik Nach Bureau of Meteorology of Australia

Der Southern Oscillation Index (SOI) errechnet sich aus der Differenz des Luftdrucks in Tahiti und Darwin (Australien). Das Ergebnis ist eine Maßzahl, bei der ein positiver Wert auf eine Abkühlung des Ozeans hindeutet (La Niña), ein negativer Wert auf eine Erwärmung (El Niño).

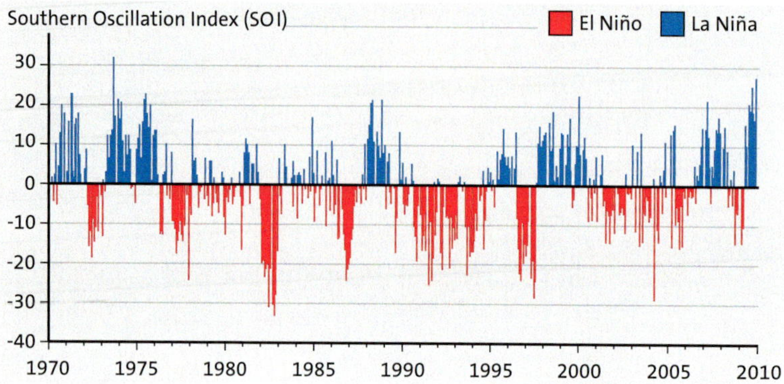

12 ... und die sichtbaren Auswirkungen
A brennender Eukalyptuswald, **B** Trockenrisse im Ackerland, **C** Land unter im Großen Artesischen Becken, **D** absterbende Korallen im Großen Barriereriff

13 La Niña und die Folgen

„Rekordniederschläge und weiträumige Überschwemmungen werden seit einigen Tagen aus dem Nordosten Australiens gemeldet. Schuld ist das Klimaphänomen ‚La Niña', das schon im letzten Sommer die Intensivierung des Indischen Monsuns und Überschwemmungen in Pakistan verursachte. Nun sorgt es im australischen Bundesstaat Queensland im Nordosten Australiens für heftige und anhaltende Regenfälle. Weite Teile des Landes stehen unter Wasser.

La Niña tritt etwa alle drei bis fünf Jahre mit unterschiedlicher Intensität auf. Anders als beim bekannteren Gegenstück, dem El Niño-Phänomen, kommt es bei La Niña im Westpazifik zu einer starken Erwärmung der Meeresoberflächentemperaturen, bei gleichzeitiger Abkühlung des Wassers im Ostpazifik vor der südamerikanischen Küste. In der Folge verstärken sich die Ost-Passatwinde über dem indonesischen Archipel und damit die Intensität der Tiefdrucktätigkeit. Aufsteigende heiße Luft sorgt dann dort für besonders heftige Niederschläge, vor allem in Verbindung mit schweren Gewittern."

Deutscher Wetterdienst, Pressemitteilung vom 07.01.2011, auf www.dwd.de/bvbw/generator/DWDWWW/Content/Presse/Pressemitteilungen/2011/20110107__Hochwas serAustralien,templateId=raw,property=publicationFile.pdf/20110107_HochwasserAustralien.pdf, März 2012

Klimawandel

14 El Niño und die Folgen

„Als trockenster von Menschen bewohnter Kontinent ist Australien einiges gewöhnt. Doch seit 2002 stöhnt das Land unter einer Dürre, die als schlimmste seiner Geschichte gilt. Doch sollten Forscher in Diensten der australischen Regierung Recht behalten, wird es noch viel schlimmer kommen: Dürren werden das Land demnach doppelt so oft wie bisher heimsuchen, und auch die betroffene Fläche wird sich verdoppeln.

Die Analyse zeigt, dass Ausmaß und Frequenz von außergewöhnlich heißen Jahren in den vergangenen Jahren rapide angestiegen sind und der Trend sich fortsetzen wird.

Die Folgen bekommen unter anderem die Landwirte zu spüren. Früher galt Australien als zweitgrößter Weizenexporteur der Welt. Doch diese Bedeutung hat Australien auf absehbare Zeit verloren ..."

Nach mbe/Reuters/AFP vom 06. 07.2008, auf: www.spiegel.de/wissenschaft/natur/0,1518, 564149,00.html, März 2012, verändert

Klimaszenarien

Aktuelle Klimamodellergebnisse zeigen die Erwärmung des australischen Kontinents bis zum Ende des 21. Jh., wobei die Modellwerte deutlich schwanken (zwischen 1,8 °C und 3,4 °C). Mit der Erwärmung erhöht sich auch die Häufigkeit heißer Tage. So würde sich die Anzahl der Tage mit einer Maximaltemperatur über 35 °C an zahlreichen Stationen wahrscheinlich verdoppeln, in Darwin sogar von 11 auf 308, also fast auf das Dreißigfache, steigen.

Bei den jährlichen Mittelwerten der Niederschläge ergeben sich keine großen Änderungen, aber es wird erwartet, dass sich die Niederschlagsintensität ebenso erhöhen wird wie die Anzahl der Tage ohne Niederschlag.

Die Unsicherheiten bei den Modellergebnissen sind allerdings sehr groß und die Spannbreiten liegen entsprechend weit auseinander.

Material / Surftipp
Klimawandel
104113-3301

Material / Surftipp
Klimawandel Deutschland
104113-3302

15 IPCC-Szenarien für Australien

Nach http://wiki.bildungsserver.de/klimawandel/index.php/Klimaprojektionen_Australien, März 2012
A Szenarientypen des IPCC, **B** Änderung der jährlichen Mitteltemperatur 2080–2099 zu 1980–1999 nach dem A1B-Szenario; Änderung der Niederschläge: **C** im Südsommer (Dezember bis Februar – links) und **D** im Südwinter (Juni bis August – rechts) 2080–2099 zu 1980–1999 nach dem A1B-Szenario. Angegeben sind die Mittelwerte von 21 Modellrechnungen.

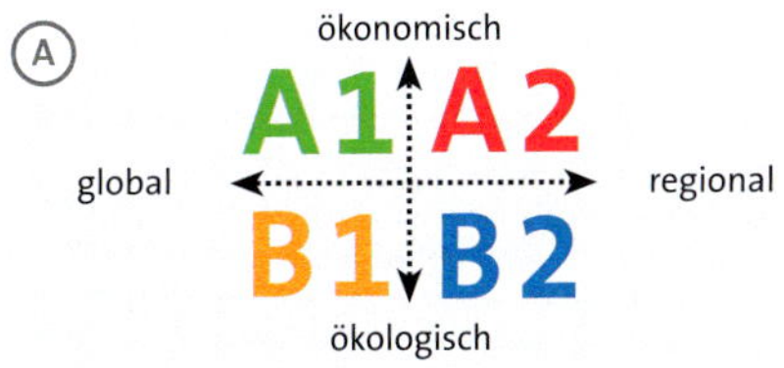

Das Szenario **A1** hat drei Varianten, je nach genutzter Energie.
A1 F: fossil = hauptsächlich Öl und Kohle
A1 N: neue = erneuerbare Energiequellen
A1 B: beide = ausgewogene Nutzung beider Arten
B2 geht von einer ökologischen und nachhaltigen künftigen Entwicklung der Menschheit aus.

A1 Eine Welt mit schnellem Wirtschaftswachstum und schneller Einführung neuer und effizienterer Technologien.
A2 Eine sehr heterogene Welt mit einem Schwerpunkt auf traditionellen Werten (family values and local traditions).
B1 Eine sich vom Materialismus abkehrende Welt und die Einführung sauberer Technologien.
B2 Eine Welt mit dem Schwerpunkt auf lokalen Lösungen für ökonomische und ökologische Nachhaltigkeit.

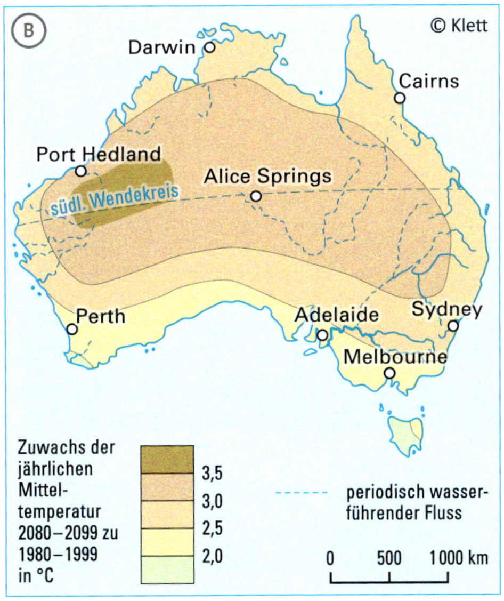

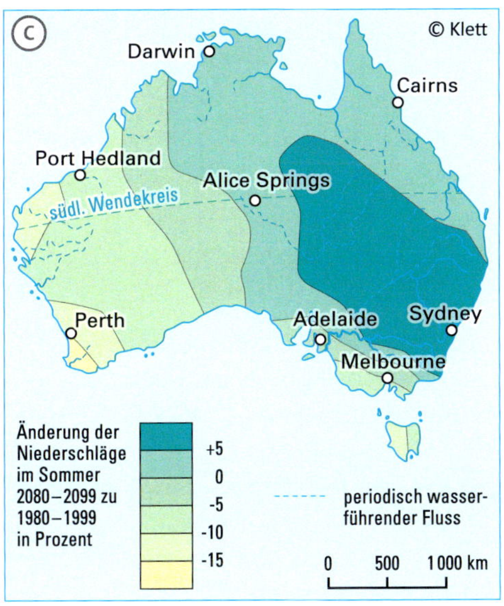

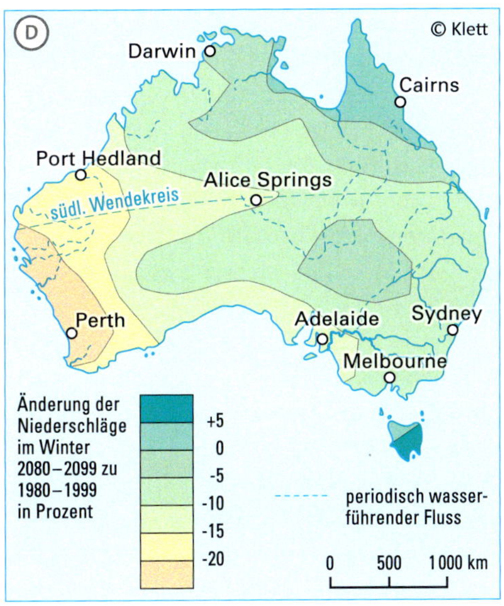

IPCC
Intergovernmental Panel on Climate Change
1988 von der World Meteorological Organization (WMO) und dem United Nations Environment Programme (UNEP) mit der Aufgabe eingesetzt, in regelmäßigen Abständen (etwa 5 Jahre) den Zustand des Klimasystems und seine Auswirkungen auf die menschlichen Gesellschaftssysteme festzustellen und Möglichkeiten der politischen Gegensteuerung zu benennen. Seine Experten gehen der Frage nach, wie sich das Klima der Erde in Zukunft unter dem Einfluss von Treibhausgasemissionen entwickeln wird und entwickeln dafür unterschiedliche Szenarien.

Seite 20 / 21
Die Wüste erwacht

Seite 26 / 27
Wie Winzlinge Gebirge bauen

Seite 28 – 33
Agrarwirtschaft Australiens

5 Erläutern Sie das La-Niña-Phänomen (vgl. auch die Seiten 20/21).

6 Beschreiben Sie die klimatischen und wirtschaftlichen Folgen des prognostizierten Klimawandels für Australien.

7 Vergleichen Sie die Modellergebnisse des Klimawandels mit denen für Deutschland (z. B. http://wiki.bildungsserver.de/klimawandel/index.php/Klima_im_21._Jahrhundert_in_Deutschland, März 2012).

8 Nehmen Sie Stellung zu folgender These: „Australien ist das durch den Klimawandel am stärksten betroffene Land der Erde.“

16 **Funafuti-Atoll vor der Zerstörung?**

Seite 26 / 27
Wie Winzlinge Gebirge bauen

Inselparadiese in Gefahr
Dem Dorf Lateu auf der Südseeinsel Vanuatu im abgelegenen Tegua-Atoll stand das Wasser buchstäblich bis zum Hals. Es war vermutlich das erste Dorf in der Südsee, das wegen des **Klimawandels** umziehen musste. Angesichts der drohenden Überflutung verlegten die 46 Bewohner ihr Dorf einige Hundert Meter ins Innere der Insel. Zurück bleiben einige windschiefe, vom Schimmel angefaulte Schilfhütten und umgestürzte Kokospalmen, deren Wurzelwerk vom Meerwasser umspült ist, und die das Salzwasser nicht überlebt haben.

Folgen des Klimawandels. Der Klimawandel ist für tief liegende Atolle wie Vanuatu oder Tuvalu eine existenzielle Bedrohung. Der Meeresspiegel steigt, Dörfer werden überschwemmt, Süßwasserquellen versalzen, **Korallen** sterben und die Vegetation verändert sich. Die Folgen des Klimawandels nehmen immer dramatischere Ausmaße an.
Manche Atolle werden durch die ständigen Überschwemmungen in etwa 30 Jahren unbewohnbar und in 50 Jahren zur Gänze von der Bildfläche verschwunden sein.

17 **Der Meeresspiegel steigt weiter**

„Dass der Pazifik einige Meter ins Land vordringt, kann man inzwischen an den Küsten vieler Südsee-Nationen beobachten. Wissenschaftler haben seit Ende 1992 in der Südsee einen jährlichen Anstieg des Meeresspiegels von durchschnittlich sechs Millimetern gemessen. Die Voraussagen für die kommenden Jahre seien aber noch viel dramatischer, betont der Ozeanologe Steve Koletti: ‚Es gibt Anzeichen, dass sich der Anstieg beschleunigt. Bis 2050 wird eine Erhöhung von einem halben bis zu einem ganzen Meter erwartet. Bis 2100 sagen viele Wissenschaftler einen Anstieg von einem bis drei Meter voraus.'"

ORF vom 02.11.2006, auf http://oe1.orf.at/artikel/202889, März 2012

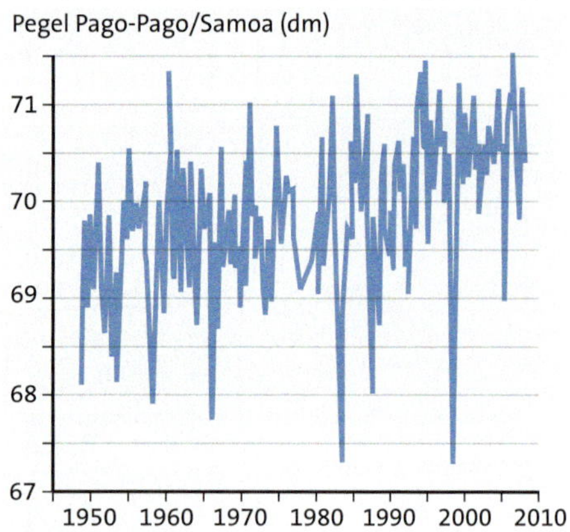

„Unwetter durch Temperaturanstieg: Auch die Zahl der Taifune sei drastisch angestiegen. Während es von 1941 bis 1946 jährlich fünf Taifune waren, sind es heute jährlich fast 20. Die Erwärmung der Erdatmosphäre und damit der Meere hat aber auch das Korallensterben beschleunigt. Korallen sind in Symbiose mit Algen nur im Temperaturbereich von 20° bis 35 °C lebensfähig. In Vanuatu an der Westküste der samoanischen Hauptinsel Efate gab es bereits eines der größten Korallensterben."

Ebenda; Diagramm nach TerraMetrics 2009

9 Beschreiben Sie die Auswirkungen des Klimawandels für die Südseeinseln.

10 Erläutern Sie die Maßnahmen zur Anpassung an den Klimawandel.

11 Erörtern Sie die Erfolgsaussichten Tuvalus bei einer Klage gegen die USA und Australien.

18 Klimaflüchtlinge drohen mit Klagen

„Auch in Tuvalu, einer Zwergnation mit einer Gesamtfläche von 37 km² in der Nähe der Fidschi-Inseln, werden erste Anstrengungen für ein Umsiedlungsprogramm unternommen. Die dortige Regierung hat für ihre etwa 12 000 Einwohner bereits um Asyl in Neuseeland und Australien ersucht. Australien hat abgelehnt, Neuseeland ist immerhin bereit, jährlich 75 Tuvalesen aufzunehmen. Wer die Umzüge allerdings bezahlen soll, ist nicht geklärt, weil es noch keine völkerrechtliche Regelung für Klimaflüchtlinge gibt.
Seit 2002 hat Tuvalu auch mehrmals angedroht, die USA und Australien – die beiden einzigen Nationen, die das Kyoto-Protokoll nicht ratifiziert haben – zu verklagen. Bisher jedoch ohne Erfolg ..."

Ebenda

20 Weltrisikoindex (s. Randspalte) nach Staaten

Nach Weltrisikobericht 2011, S. 32–33, auf www.weltrisikobericht.de/, März 2012

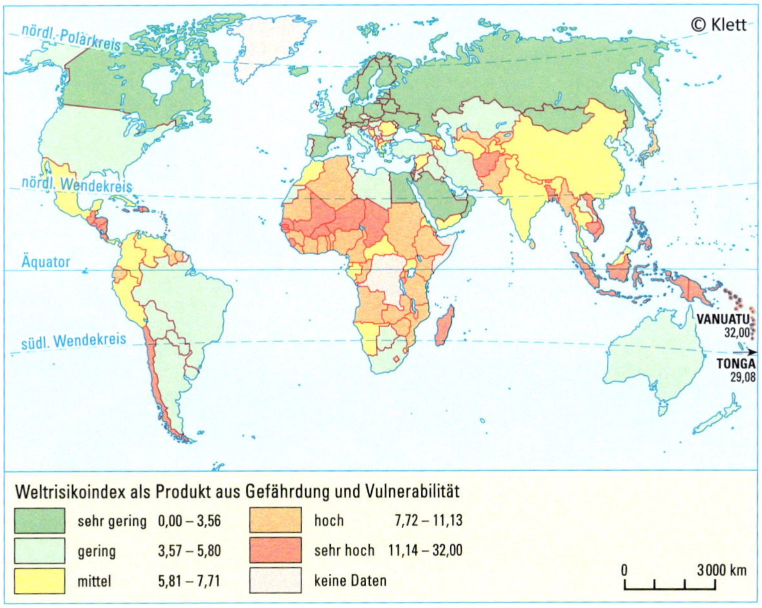

19 Erfolge bei der Anpassung an den Klimawandel

„‚Hier auf den Banks-Inseln erleben wir bereits den Klimawandel. Aber ich suche nach Wegen, damit fertig zu werden. So habe ich festgestellt, dass meine Pflanzen in trockenen Jahren besser überleben, wenn ich sie so pflanze, dass sie von Bäumen beschattet werden.' So beschreibt der Bauer Charles Ling seine Bemühungen, mit den Folgen des Klimawandels fertig zu werden. Die sind in seiner Heimat Vanuatu im Südpazifik besonders gravierend. Hier ist laut ‚WeltRisikoBericht' das Risiko am höchsten, Opfer von Katastrophen zu werden. Aber Vanuatu ist zugleich ein Land, das intensiv Anstrengungen unternimmt, den Klimawandel zu begrenzen und sich auf die nicht mehr zu vermeidenden Folgen des Klimawandels einzustellen: Nach einer halbjährigen Befragung von Regierungsstellen, Nichtregierungsorganisationen, lokalen Gemeinschaften und Industriebetrieben zu Möglichkeiten von Anpassungsmaßnahmen an den Klimawandel wurden in einer Auswertung mehr als 600 Vorschläge zusammengefasst. Darin geht es vor allem um die Bereiche Forstwirtschaft, Landwirtschaft, Viehzucht, Wasser und natürliche Ökosysteme.
Obwohl Vanuatu nur minimal zum globalen Klimawandel beiträgt, will das Land ein Beispiel dafür geben, dass es möglich ist, konkrete Maßnahmen zu ergreifen, um die globale Erwärmung zu begrenzen. Vanuatu hat sich zum Ziel gesetzt, bis 2013 ein Drittel der Elektrizität aus erneuerbarer Energie zu erzeugen. Dabei setzt Vanuatu vor allem auf Windenergie und besitzt in der Nähe der Hauptstadt Port Vila bereits einen Windpark mit 11 Windrädern mit einer Höhe von jeweils 55 Metern. Wegen der häufigen Wirbelstürme auf Vanuatu müssen die Anlagen besonders hohe Anforderungen erfüllen. Weitere Anlagen sind geplant.
Schließlich tritt die Regierung von Vanuatu gemeinsam mit den anderen pazifischen Inselstaaten bei den internationalen Klimaverhandlungen unermüdlich dafür ein, möglichst rasch ein wirksames Klimaabkommen zu verabschieden, das es ermöglicht, den globalen Klimawandel zu begrenzen."

Frank Kürschner-Pelkmann vom 05.08.2011, auf www.klimawandel-bekaempfen.de/klimawandel-news-rss.0.html?&no_cache=1&tx_ttnews%5Btt_news%5D=884&cHash=1e7eba6038d52a9adc4eb91957ff2583, Mai 2012

Weltrisikoindex

Der Index setzt sich aus vier Indikatoren zusammen:
- Gefährdung durch Naturgefahren wie Erdbeben, Wirbelstürme und Meeresspiegelanstieg;
- Anfälligkeit von Infrastruktur, Ernährung und Wohnsituation;
- Bewältigungskapazitäten durch Regierung, Vorsorge und Frühwarnung;
- Anpassungskapazitäten bezogen auf kommende Naturereignisse und den Klimawandel.

21 Erst geholt, jetzt unerwünscht

Seite 23–25
Bedrohte Artenvielfalt

22 Die großen CO_2-Emittenten der Welt 2010 (in t/Kopf und Jahr)

Nach BP Workbook of historical Data

Saudi-Arabien	20,0
USA	19,6
Kanada	17,6
Australien	16,2
Südkorea	14,8
Russland	11,9
Japan	10,3
Deutschland	10,1
Großbritannien	8,8
Südafrika	8,7
Iran	7,5
Italien	7,2
Spanien	7,2
Frankreich	6,4
China	6,2
Mexiko	3,9
Brasilien	2,4
Indien	1,4

Kamele verderben Australien die Klimabilanz

Die ersten Strafgefangenensiedler brachten seit Mitte des 19. Jh. die hitzeresistenten Säugetiere aus Indien, Pakistan und Afghanistan auf Schiffen nach Australien. Mit diesen Transporttieren konnten frühe Expeditionen in den Wüstenregionen täglich bis zu 40 km zurücklegen. Doch schon früh erwies sich die landesfremde Art als Plage: Die Kamele saufen den einheimischen Tierarten die kostbaren Wasserquellen leer und zertrampeln auf der Suche nach Wasser den Farmern Vegetation und Zäune.

Doch nicht etwa deswegen erwägt Australien den Abschuss Hunderttausender wilder Kamele. Die Tiere belasten vor allem die ohnehin schlechte **CO_2-Bilanz** des Landes. Jedes stößt pro Jahr die Menge Methangas aus, die etwa einer Tonne des Treibhausgases CO_2 entspricht – etwa ein Viertel dessen, was ein durchschnittliches Auto im Jahr emittiert. Und derzeit leben auf dem gesamten Kontinent verteilt mehr als 1,2 Mio. wilde Kamele, deren Population sich alle knapp zehn Jahre verdoppelt. Alle Kamele in Australien zu töten spare im Jahr so viel klimaschädliche Gase wie der Ausstoß von 300 000 Autos.

23 Emissionen im Vergleich

Nach Jeremy Woods, Imperial College London

Emittent	Bezugsgröße	CO_2-Äquivalent
Kamel	produziert 45 kg Methan/Jahr	1 t/Jahr
Kuh	produziert 35 kg Methan/Jahr	0,8 t/Jahr
Mittelklassewagen	fährt 20 000 km/Jahr	4 t/Jahr
Langstreckenflugzeug	7 000-km-Flug	1 t/Passagier

24 Abschussquoten für Kamele gegen harte Aussie-Dollar

„Dass das Parlament darüber [Materialüberschrift] berät, bedeutet, dass die australische Regierung dies zumindest für bedenkenswert hält.

Die Regierung ist im Zugzwang: Der Kontinent hat wegen seiner mächtigen Bergwerkindustrie einen der weltweit höchsten Luftverschmutzungswerte pro Kopf. Obgleich in vielen Landesteilen dauerhaft die Sonne scheint und Solarenergie in sinnvoller Weise zum Einsatz kommen könnte, wird der überwiegende Teil der Energie auf dem Kontinent mit Kohlekraftwerken erzeugt. Australien ist zudem Spitzenexporteur von Kohle – für Kraftwerke nach China. Das alles ergibt eine ziemlich erschütternde Bilanz, kritisieren Umweltschützer.

Dennoch sind die ungewöhnlichen Ideen im Kampf gegen die globale Erwärmung im Land umstritten: Man solle lieber auf regenerative Energien umsteigen. Sonst würden wohl nach den Kamelen die zahlenmäßig stärkeren Rinder- und Schafpopulationen zum Abschuss frei gegeben ...“

Annette Kögel vom 21.06.2011, auf: www.zeit.de/cds-berlin/2011-06/kamele-klima-australien/komplettansicht, März 2012

12 Erläutern Sie den Zusammenhang zwischen „Kamel-Emissionen“ und der CO_2-Bilanz.

13 Nehmen Sie Stellung zu den Plänen der Regierung, wilde Kamele abzuschießen.

Material/Surftipp
FCKW und Ozon
104113-3304

Ozonloch und Klimawandel

25 Ozonloch bringt das Weltklima durcheinander

„Am Südpol wird die Ozonschicht immer dünner. Als Folge fällt in manchen Regionen zu viel Regen.
Das Ozonloch hoch über der frostigen Antarktis am Südpol beeinflusst vor allem das Wetter in den südlichen Tropen. Durch den Abbau der Ozonschicht über dem Südpol werden zahlreiche klimarelevante Prozesse verändert, wodurch es letztlich zu vermehrten Regenfällen in den subtropischen Regionen komme. In den Subtropen wird seit einigen Jahrzehnten eine ungewöhnliche Häufung von Regenfällen festgestellt.
Sarah Kang von der Columbia University in New York zeigte nun, dass es zwischen beiden Ereignissen einen Zusammenhang gibt: Mit Hilfe von vier unterschiedlichen Klimamodellen belegte sie, dass das Ozonloch nicht nur auf das Wettergeschehen in der Polarregion einwirkt, sondern sein Einfluss bis in die Tropenregion reicht.
Den Modellen zufolge verursacht das Ozonloch eine Abkühlung in der unteren Stratosphäre, wodurch sich die Grenzschicht zwischen Troposphäre (0 bis 15 Kilometer Höhe) und Stratosphäre (15 bis 50 Kilometer Höhe) nach oben verschiebt.
Dadurch verlagern sich die westlichen Starkwinde außerhalb der Tropen polwärts. All dies führt schließlich in den subtropischen Sommern zur Zunahme der Regenfälle, unter anderem über dem südwestindischen Ozean und dem östlichen Australien.
Das Ozonloch zeigte sich erstmals in der zweiten Hälfte des vergangenen Jahrhunderts über dem Südpol. Es wurde hervorgerufen durch die extreme industrielle und kommerzielle Nutzung von Fluorchlorkohlenwasserstoffen (FCKW), die in die Atmosphäre gelangten und dort den Abbau der Ozonschicht verursachten."

dpa/mab vom 24.04.2011, auf www.welt.de/wissenschaft/article13235997/Ozonloch-ueber-der-Antarktis-fuehrt-zu-starkem-Regen.html, März 2012

26 Entwicklung des Ozonlochs über der Antarktis 1979–2010

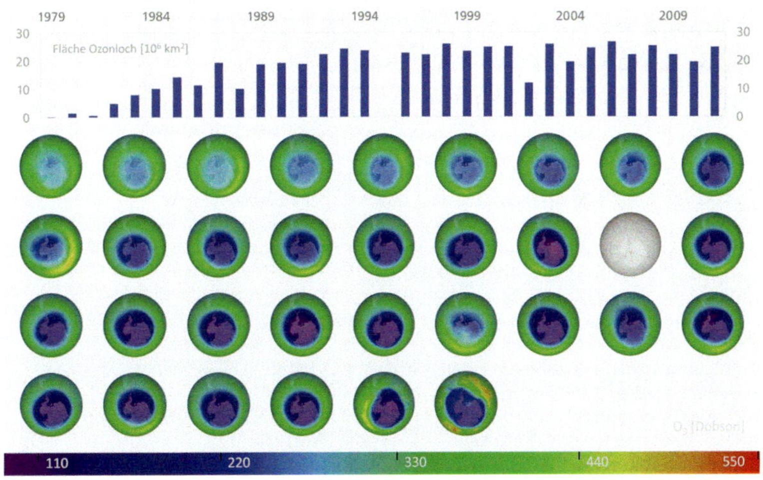

27 Ozonloch über der Antarktis am 17.09.2009

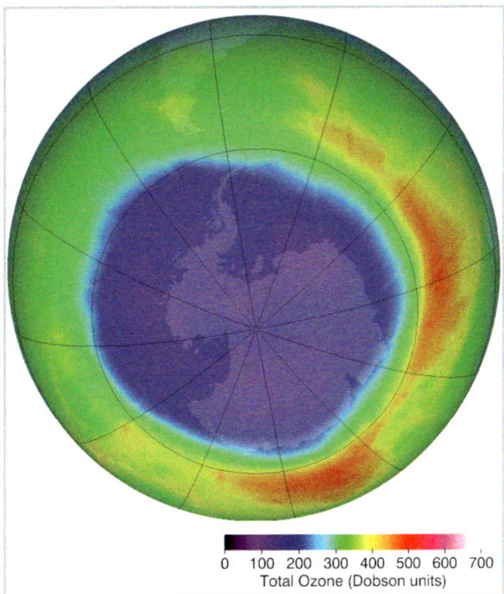

Dobson-Einheiten (DU):
Maß für die Gesamtmenge des Ozons über einer Flächeneinheit;
1 DU = 2,69 x 1016 Ozonmoleküle / cm² =
eine 0,001 cm dicke Ozonschicht über der Fläche unter Normalbedingungen

14 Beschreiben Sie die Entwicklung des Ozonlochs über der Antarktis.

15 Erklären Sie den Zusammenhang zwischen Ozonloch und stärkeren Niederschlägen in Australien.

16 Informieren Sie sich über direkte Gesundheitsrisiken für den Menschen durch das Ozonloch und stellen Sie diese in einem Kurzvortrag dar.

28 **Australien: Stärken – Schwächen – Chancen – Risiken 2011**

Nach Wirtschaftstrends kompakt Jahresmitte 2011, auf: www.gtai.de/GTAI/Content/DE/.../pub201106208003_16170.pdf, März 2012

Strengths	Weaknesses
– Reichtum an Rohstoffen – hohes Pro-Kopf-Einkommen – Rechtssicherheit – hohes Maß an Transparenz – stabiles Bankensystem	– weite Distanzen zwischen Ballungsgebieten – Transportinfrastruktur muss ausgebaut werden – überschaubarer Absatzmarkt – Mangel an Facharbeitern – Industriesektoren sehr klein (drohende Importabhängigkeit bei Produktion vor Ort)
Opportunities	**Threats**
– neuer Bergbauboom beschert Wachstumsimpulse – Regierung setzt verstärkt auf Umweltpolitik, erneuerbare Energien – Ausbau der Infrastruktur – Industriezweige bieten Platz für Konkurrenz	– Inflationsängste lassen die Leitzinsen der Zentralbank wieder steigen – relativ große Abhängigkeit von der Wirtschaftsentwicklung der VR China – Abhängigkeit von internationalen Rohstoffpreisen – hohe private Verschuldung

29 **Exporte Australiens**

Nach Australian Department of Foreign affairs and Trade: Trade at a glance 2011

absolut 2010: 212,423 Mrd. US-$

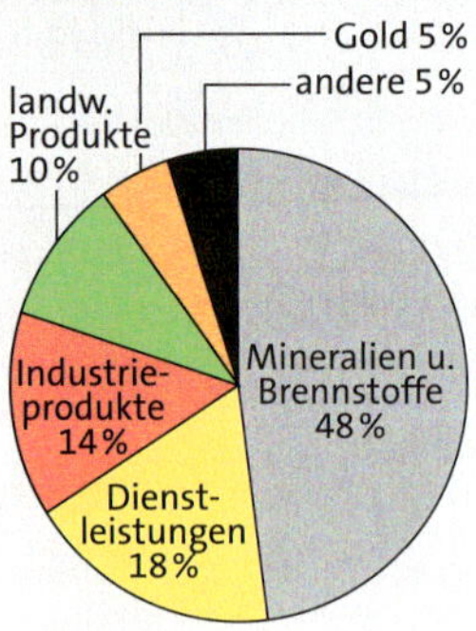

30 **Wechselkursschwankungen des AUD**

Nach www.finanzen100.de/waehrungen/australischer-dollar-us-dollar-aud-usd-_H860163545_9368477/, März 2012

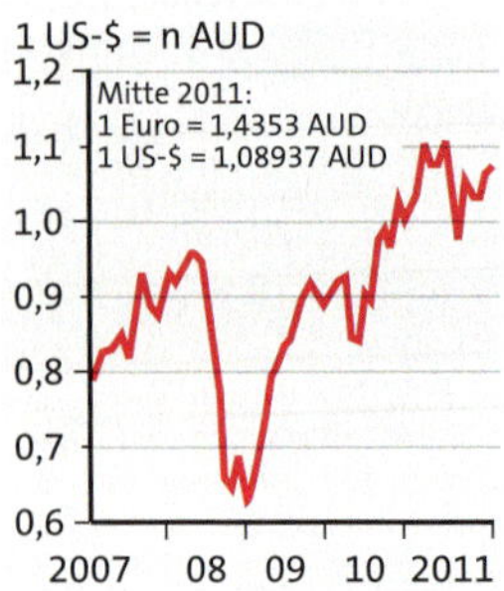

31 **Aussie-Dollar am Wendepunkt?**

„Der AUD hat in den letzten Wochen sowohl gegenüber dem US-$ als auch dem Euro abgewertet. Bislang verlor die australische Währung 14 % gegenüber dem US-$ ... und 9 % beim Euro. In der bekannten Funktion des Aussie-Dollars als Rohstoffwährung wird diese Einsicht nicht verwundern, nachdem die Kurse von Rohstoffen aufgrund der erwarteten konjunkturellen Abkühlung der Weltwirtschaft stärker nachgegeben haben. Doch im Vergleich zu den momentanen Kursniveaus der breiten Rohstoffindizes hat sich der Kurs des AUD in den letzten Jahren sehr gut gehalten.
Die Gründe ... sind vor allem in der Funktion Australiens als einer der wichtigsten Rohstoffexporteure für die chinesische Volkswirtschaft zu suchen. Nachdem Chinas Wirtschaft die Finanzkrise gut verkraftete und weiter schnell wuchs, bekam auch die australische Wirtschaft den ... Rückenwind, um die Krise besser als andere westliche Industrienationen zu überstehen. Doch diese Entwicklung scheint an ihr Ende gekommen zu sein, nachdem erste Stimmen von Seiten der australischen Notenbank laut werden, dass eine Zinssenkung auf der nächsten Sitzung anstehen könnte. Sollte sich die chinesische Konjunktur stärker als erwartet abkühlen, wird der AUD besonders leiden."

Oliver Bossmann/ETX Capital vom 07.10.2011, auf www.eltee.de/kolumnen_id.php?id=24524, März 2012

3.4 Global und regional verflochten

Von der Peripherie ins Zentrum?

Australien ist im Laufe seiner Geschichte näher an den Rest der Welt herangerückt, wobei heute auch viel engere Beziehungen zu den umliegenden Ländern Asiens und Ozeaniens existieren. Angesichts des Rohstoffreichtums auf der einen Seite und des kleinen Binnenmarktes auf der anderen Seite eine fast zwingende Entwicklung. Dabei konnte die wirtschaftliche Situation Australiens insgesamt erheblich verbessert werden. So gelang es, die internationale Wettbewerbsfähigkeit auch durch ein größeres Maß an Diversifizierung deutlich zu steigern. Dazu hat der jährliche Anstieg der Exporte seit 1992 um 6 % ebenso beigetragen wie die seit 1995 rückläufige Auslandsverschuldung. Auch das Handelsbilanzdefizit konnte weiter abgeschwächt werden.

Australien entwickelt sich immer mehr zu einem bedeutenden Teil des südostasiatischen Wirtschaftsraumes. Diese veränderte Einordnung Australiens bedeutet geopolitisch gleichzeitig eine schrittweise Loslösung von der ehemaligen Kolonialmacht Großbritannien.

Die Angebotsstruktur der Exportgüter dominieren immer noch nicht oder geringfügig weiterverarbeitete Bergbauprodukte, wodurch sich eine Abhängigkeit von den stark schwankenden Weltmarktpreisen ergibt. Inzwischen werden zwar auch hochwertige Industriegüter, wie z. B. medizinische und wissenschaftliche Geräte, Biotechnologie, Software- und Telekommunikationsprodukte sowie Automobile exportiert, dennoch spiegelt die Exportstruktur nicht unbedingt das typische Bild eines westlichen Industrielandes wider.

Bei den Einfuhren dominieren höherwertige Industriegüter, wie z. B. Maschinen und Anlagen, Flugzeuge, Kraftfahrzeuge, elektronische Geräte, Computer und Arzneimittel. Diese Importstruktur ergibt sich einerseits aus dem nicht vorhandenen technologischen Know-how und andererseits aus Kostengesichtspunkten, da sich die Produktion im eigenen Land aufgrund der geringen Stückzahlen, die auf dem eigenen Markt abgesetzt werden könnten, nicht rentiert.

32 Australiens Handelsbilanz 2010

Nach Australian Bureau of Statistics 2011

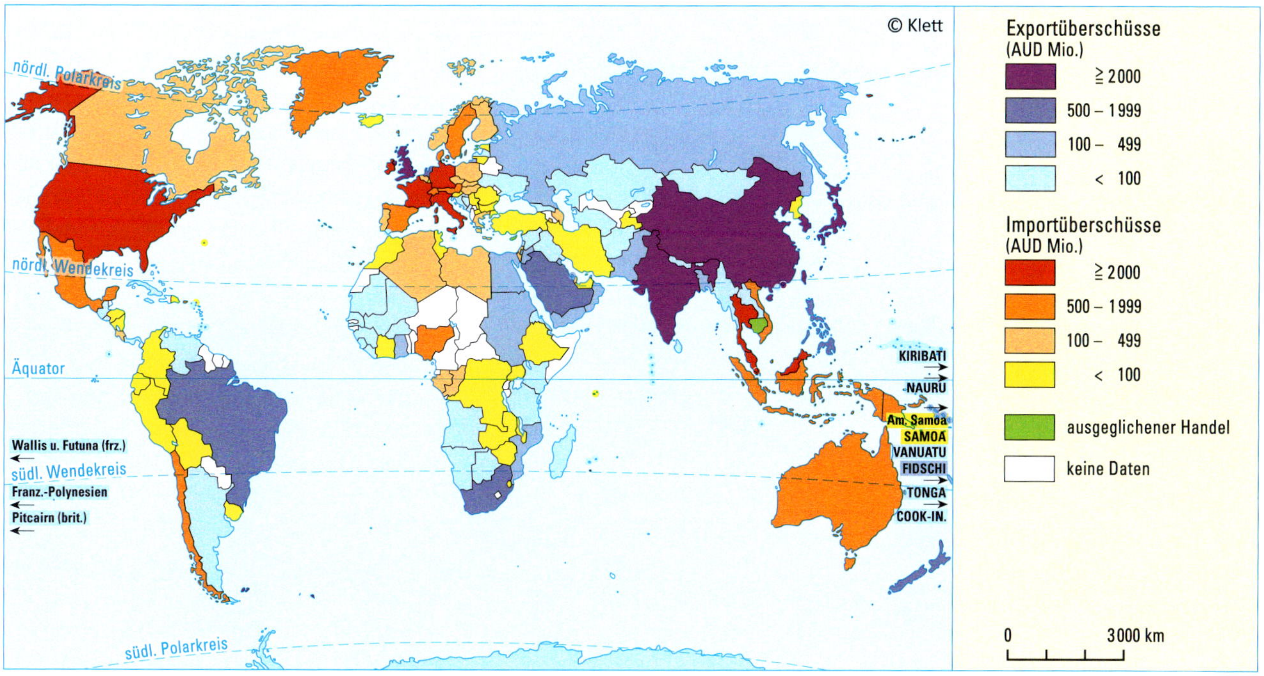

33 Exportprodukte Australiens nach Zielländern 2010

Nach Composition of Trade Australia 2010, S. 50 ff.

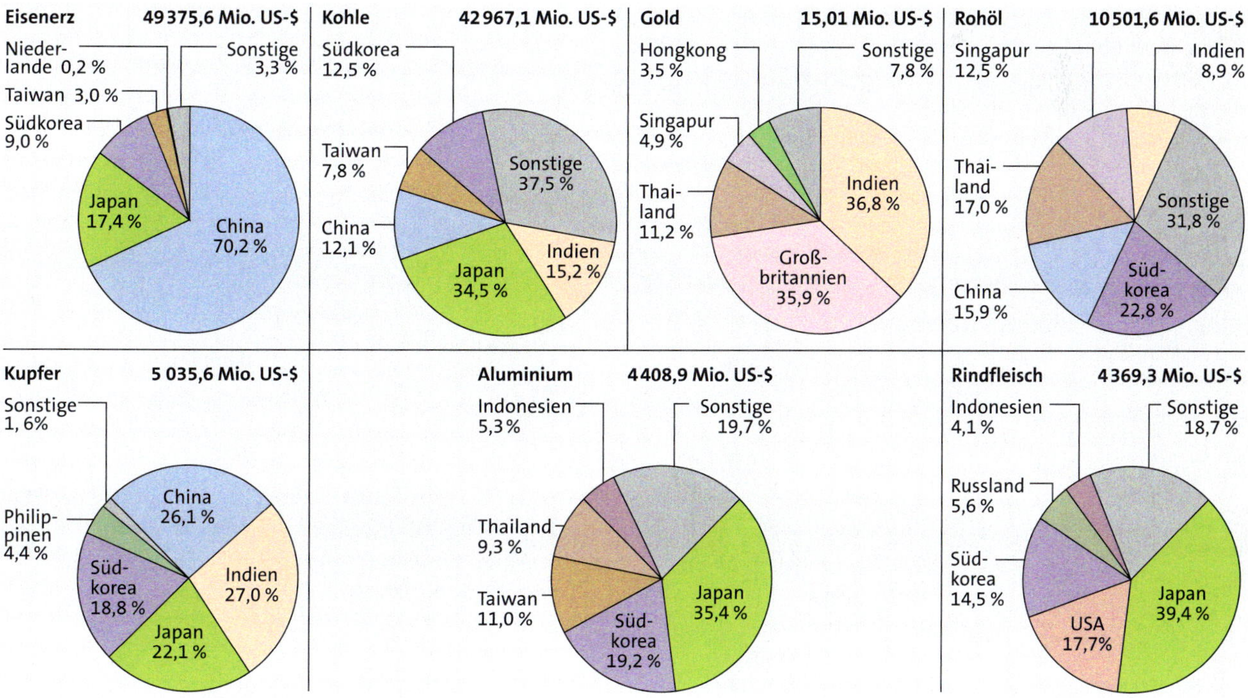

34 Australiens Position im Welthandel

Nach Composition of Trade Australia 2010, aktualisiert nach http://stat.wto.org/StatisticalProgram/WSDBViewData.aspx?Language=E, Mai 2012

Export	2010		2000		1990	
	Mrd. US-$	Rang	Mrd. US-$	Rang	Mrd. US-$	Rang
China	1577,824	1	249,203	7	62,091	14
USA	1278,263	2	781,918	1	393,592	2
Deutschland	1258,924	3	551,810	2	421,100	1
Japan	769,839	4	479,249	3	287,581	3
Niederlande	574,251	5	233,130	9	131,775	7
Frankreich	523,460	6	327,611	4	216,588	4
Südkorea	466,384	7	172,267	12	65,016	12
Italien	447,301	8	240,518	8	170,304	6
Belgien	408,745	9	188,371	11	k. A.	
Großbritannien	405,695	10	285,425	5	185,172	5
Australien	212,634	21	63,870	26	39,752	21
Welt	**15254,000**		**6456,000**		**3449,000**	

Import	2010		2000		1990	
	Mrd. US-$	Rang	Mrd. US-$	Rang	Mrd. US-$	Rang
USA	1969,184	1	1259,300	1	516,987	1
China	1395,099	2	254,094	8	53,345	17
Deutschland	1054,814	3	497,197	2	355,686	2
Japan	694,059	4	379,511	3	235,368	3
Frankreich	609,650	5	338,940	5	234,436	4
Großbriannien	561,530	6	348,058	4	222,977	5
Niederlande	516,409	7	218,267	9	126,098	7
Italien	487,049	8	238,757	7	181,968	6
Hongkong	441,369	9	214,042	10	84,725	11
Südkorea	425,212	10	160,481	13	69,844	12
Australien	201,639	19	71,529	21	41,985	20
Welt	**15457,000**		**6724,000**		**3550,000**	

35 Entwicklung des australischen Außenhandels nach Regionen (in Mrd. AUD)

Nach ebenda

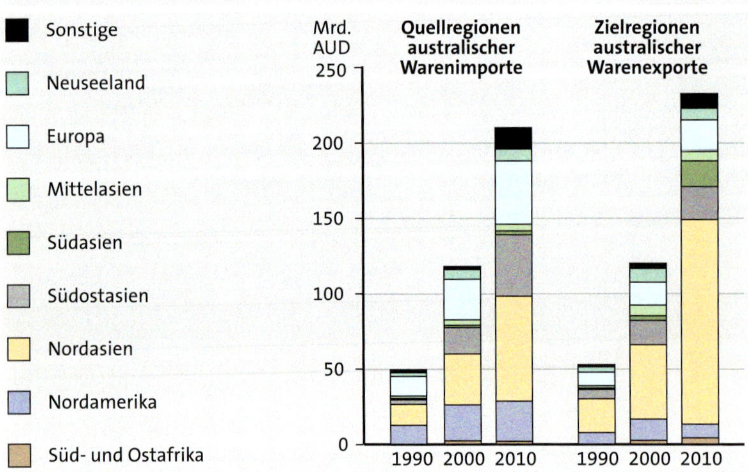

36 Maßnahmen zur Erhöhung der Wettbewerbsfähigkeit

„Kernelemente dieser wirtschaftlichen Reformen waren eine weitgehende Deregulierung des Finanzsektors und des Arbeitsmarkts, Steuererleichterungen, die Freigabe der Wechselkurse, die sukzessive Lockerung der Bestimmungen für ausländische Investitionen sowie die Absenkung der protektionistischen Barrieren zum Schutz der einheimischen Industrie.

Das komplexe System von Schutzzöllen und nicht-tarifären Handelshemmnissen schützte zwar die inländischen Produzenten vor ausländischer Konkurrenz, es verhinderte aber auch, dass die australische Industrie ihrerseits international wettbewerbsfähig werden und eigene Exportmärkte aufbauen konnte. Die ersten Schritte zum Abbau des Protektionismus wurden zwar schon 1973 eingeleitet, aber erst in den 1980er und 1990er Jahren kam es zu einer weitgehenden Abschaffung des Schutzzollsystems. In der Folge fiel die durchschnittliche effektive Unterstützungsrate für die heimische Industrie seit 1983 von 25 auf 4 %.

Die einzigen Bereiche, die heute noch signifikante Schutzzölle aufweisen, sind die Produktgruppen Textilien, Bekleidung und Schuhe sowie die Automobilproduktion, die in Australien von Töchtern amerikanischer und japanischer Multinationals betrieben wird (GM Holden, Ford, Toyota, Mitsubishi).

Die radikale Senkung der Schutzzölle hat erheblich dazu beigetragen, die internationale Wettbewerbsfähigkeit der australischen Industrie zu steigern und deren Spezialisierung auf moderne, zukunftsweisende Sektoren voranzutreiben. Letztlich mussten die protektionistischen Regelungen für die Industrie aber auch deshalb unilateral abgebaut werden, weil sie das Bestreben der australischen Regierung konterkarierten, in den GATT / WTO-Verhandlungen eine Reduktion der weltweiten Handelshemmnisse für landwirtschaftliche und bergbauliche Produkte zu erreichen."

Aus: Boris Braun: Australiens Bedeutung in der globalen Wirtschaft. In: Geographische Rundschau, 57. Jg., H. 5. Braunschweig: Westermann 2005, S. 5

37 **Ex- und Import australischer Seehäfen 2010/2011**

Nach Australian Bureau of Statistics 2011

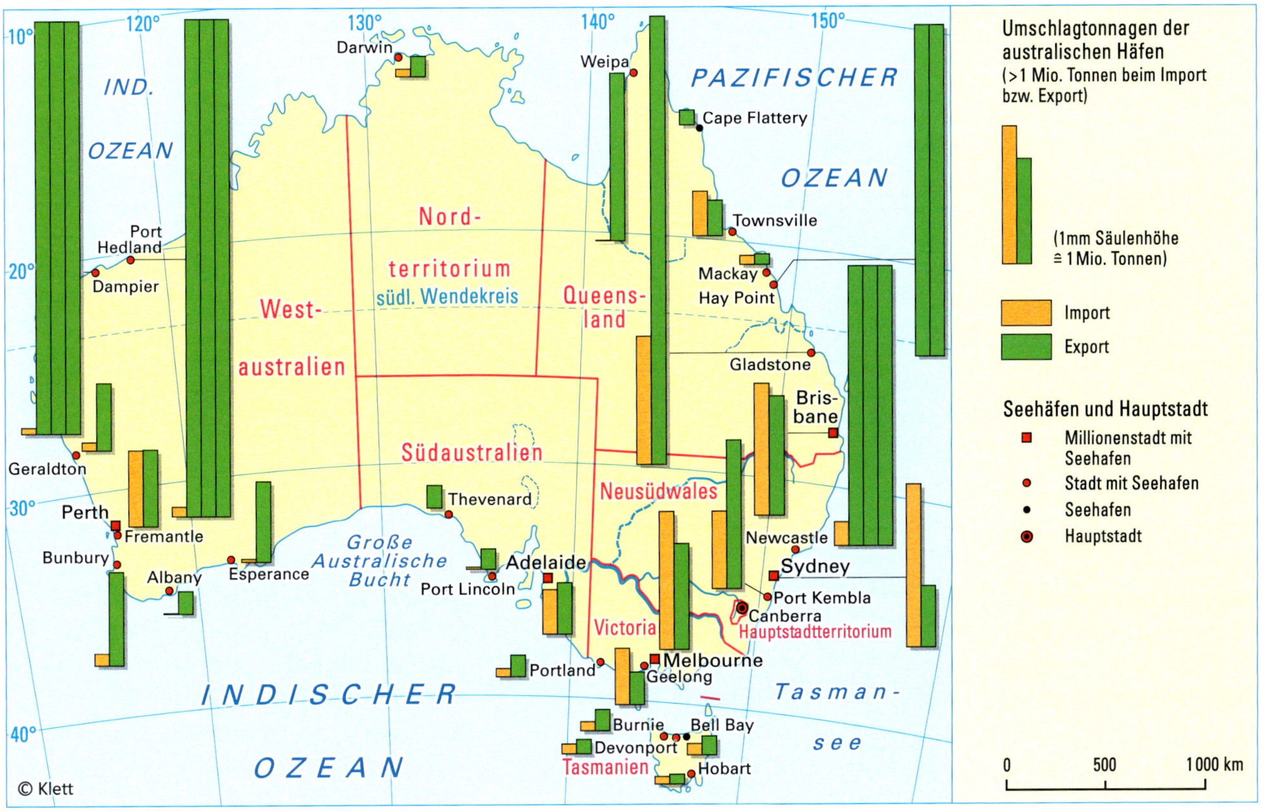

38 **Ausländische Direktinvestitionen 2010 (in Mio. US-$)**

Australian Government. Department of Foreign affairs and Trade: Trade at a glance 2011, S. 13

	Ausland nach Australien	Australien nach Ausland
Deutschland	16 224	9 251
Frankreich	12 563	419
Großbritannien	52 525	72 046
SWZ Hongkong	6 694	5 090
Japan	49 417	518
Kanada	16 377	23 447
Neuseeland	6 460	38 947
Niederlande	31 128	4 490
Schweiz	20 735	2 638
Singapur	20 240	6 255
USA	120 089	93 417
sonstige	187 015	107 899
insgesamt	**473 673**	**361 779**

17 Beschreiben Sie die Handelsstruktur Australiens.

18 Erläutern Sie die wirtschaftliche Entwicklung Australiens unter Berücksichtigung der veränderten Rahmenbedingungen seit den 1970er-Jahren.

19 Erörtern Sie, ob und inwiefern es Australien gelungen ist, sich zu einem wirtschaftlichen Zentrum zu entwickeln.

20 Beurteilen Sie, ob die in Material 28 (S. 66) angeführten Schwächen Australiens unter Nutzung seiner Chancen und Beherrschung der Risiken ausgeglichen werden können.

Australiens Migration nach Beziehungsräumen

39 Don't enter!!! Grafik nach http://focus-migration.hwwi.de/typo3_upload/groups/3/focus_Migration_Publikationen/Laenderprofile/LP_21_Australien.pdf, April 2012

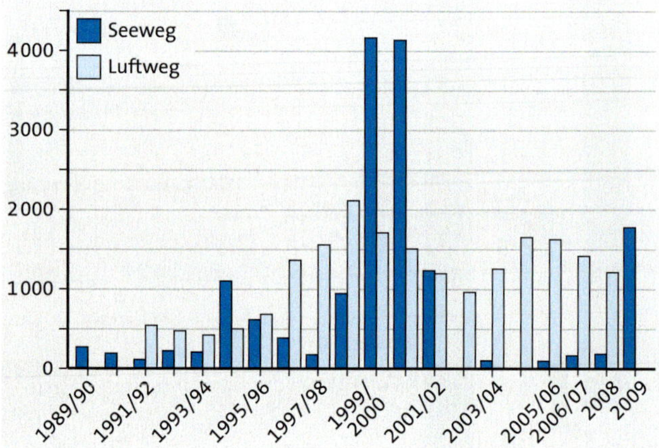

„Chain-migration" (Kettenmigration)

Der Begriff steht für jene Form der Migration, bei der die ersten Migranten Familienangehörige oder Bekannte durch persönliche Informationen und Unterstützung vor Ort dazu motivieren, ihren Landsleuten in das Zielland zu folgen.

40 Einwanderer nach Regionen

Nach ebenda

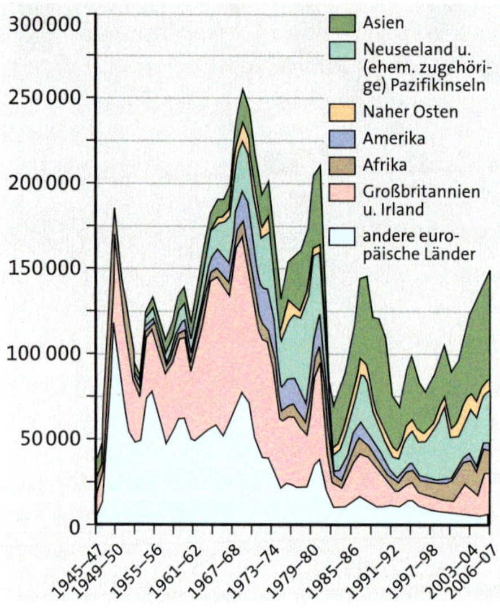

41 Einbürgerungen nach Herkunftsländern 2009 / 2010

Nach Australian Government, Department of Immigration and Citizenship. www.citizenship.gov.au/learn/facts-and-stats/#, März 2012

	Anzahl	Anteil (%)		Anzahl	Anteil (%)
Großbritannien	22832	19,1	Sri Lanka	3411	2,8
Indien	17781	14,8	Bangladesh	2939	2,5
China	11103	9,3	Südkorea	2409	2,0
Südafrika	5207	4,3	Malaysia	2211	1,8
Philippinen	4503	3,8	Sonstige	43231	36,1
Neuseeland	4164	3,5	**insgesamt**	**119791**	**100,0**

Im Jahre 1949 erhielten 2493 Menschen die australische Staatsbürgerschaft. Unter den mehr als 35 Nationalitäten waren 708 Italiener, 597 Polen, 276 Griechen, 225 Deutsche und 80 Jugoslawen. Während die deutschen Einwanderer sich vorwiegend in Südaustralien (Landwirtschaft) niederließen, konzentrierten sich die Polen eher in Melbourne, Sydney und Adelaide. Durch „Chain-migration" (s. Randspalte) kamen Jugoslawen und Griechen, die sowohl in der Landwirtschaft als auch in der Industrie Beschäftigung fanden. Die Anteile einzelner Nationen haben sich im Laufe der Migrationsgeschichte Australiens deutlich verschoben und spiegeln damit gleichzeitig auch eine Verlagerung der räumlichen Orientierung wider.

Der Bevölkerungsüberschuss in den ländlichen Regionen diente als Reservoir für die Binnenmigration. Kapitalintensive Anbau- und Nutzungsformen verdrängten die menschliche Arbeitskraft. Neue Perspektiven ergaben sich durch die Förderung des Bergbaus im peripheren ländlichen Raum in Westaustralien und Queensland. Aber auch der Boom im Tourismussektor schuf neue Arbeitsplätze.

Australien ist zwar nach wie vor ein Einwanderungsland, es gibt aber auch eine beträchtliche Anzahl an Auswanderern.

Material
Push- und Pull-Faktoren in den Entwicklungsländern
104113-3401

Material
Einwanderung nach Plan?
104113-3402

42 Binnenmigranten 2009/2010

Nach Australien Bureau of Statistcs. Migration 2009–2010, S. 50

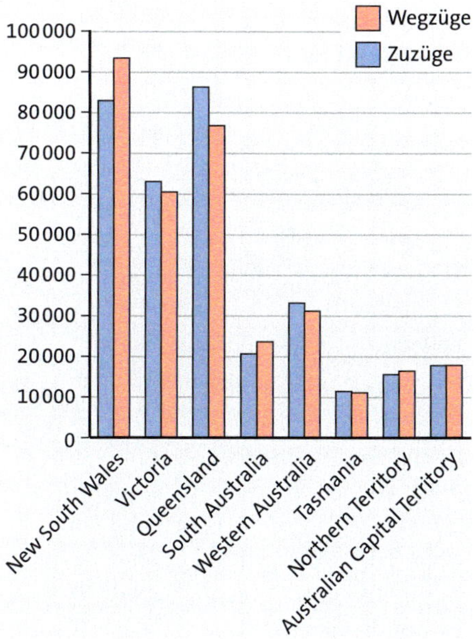

44 Herkunftsländer australischer Einwanderer

Nach Yearbook Australia 2009–2010, S. 212

	1961	1981	2001	2008
Großbritannien	755,4	1 075,8	1 126,9	1 166,5
Neuseeland	47,0	160,7	394,1	494,6
China	14,5	25,2	157,0	313,6
Indien	14,2	41,0	103,6	239,3
Italien	228,3	275,0	238,5	221,7
Vietnam	0	40,7	169,5	193,3
Philippinen	0,4	14,8	112,2	155,1
Südafrika	7,9	26,5	86,9	136,2
Griechenland	77,3	145,8	132,5	130,5
Deutschland	109,3	109,3	117,5	126,5
Malaysia	5,8	30,5	87,2	120,1
Niederlande	102,1	95,1	91,2	90,3
Libanon	7,3	49,4	80,0	89,1
Hongkong	3,5	15,3	75,2	87,5
Sonstige	405,3	845,8	1 509,8	1 921,6
in Übersee Geborene	1 778,3	2 950,9	4 482,1	5 485,9
in Australien Geborene	8 729,4	11 388,8	14 931,2	15 945,9
insgesamt	**10 507,7**	**14 339,7**	**19 413,3**	**21 431,8**

43 Auswanderung von australischen Einwohnern

Grafik nach http://focus-migration..., a. a. O.; Karte nach Australian Government, Department of Immigration and Citizenship. Trends in Migration, Australia 2010–11

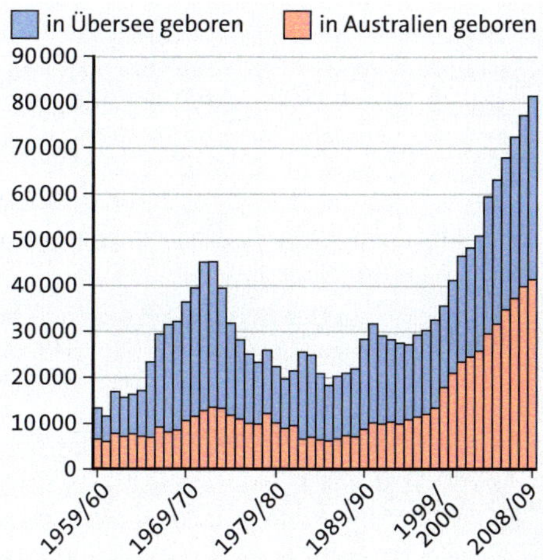

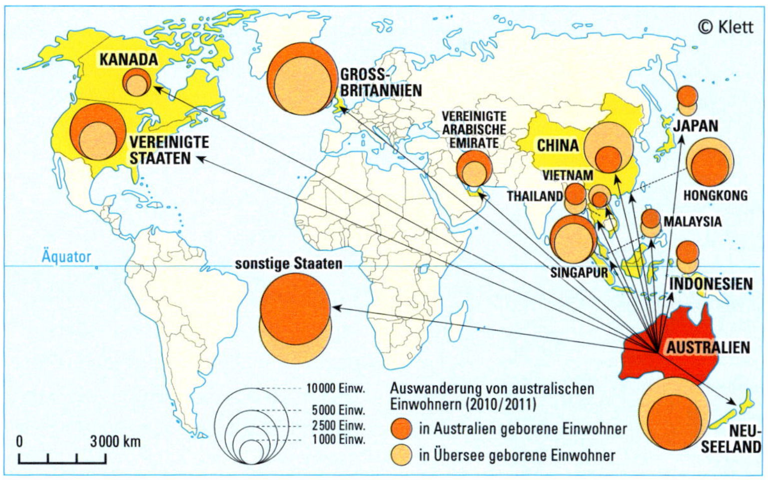

21 Erläutern Sie die Entwicklung der Migration nach und von Australien.

22 Begründen Sie die Binnenmigration in Australien unter Verwendung von Push- und Pullfaktoren. Berücksichtigen Sie dabei besonders die unterschiedlichen wirtschaftlichen Entwicklungen und Probleme der Bundesstaaten, die Sie in diesem Schülerbuch kennengelernt haben.

23 Nehmen Sie Stellung zu der Aussage, dass Australien ein Kontinent der Europäer ist.

45 **Dafür steht der Australientourismus**

3.5 Tourismus

"There's nothing like Australia"

Bedeutung des Australientourismus

Neben dem Binnentourismus hat sich in Australien besonders der internationale Tourismus stark entwickelt. Dabei verläuft die Entwicklung regional sehr unterschiedlich. Als Destination dominiert der urbane Raum, während der ländliche Raum noch Nachholbedarf hat. Allerdings ist der Tourismus heute auch in einzelnen Regionen des **Outbacks** eine tragende wirtschaftliche Säule.

Die steigende Bedeutung des Australientourismus als Wirtschaftszweig zeigt sein Anteil am BIP, der zwar von 1998 (3,1 %) bis 2010 (2,5 %) rückläufig war, dessen absoluter Wert sich gleichzeitig fast verdoppelt hat, auf rund 30 Mrd US-$. Unter Einschluss all seiner Bereiche wie Fluglinien, Reiseveranstalter, Hotels, Gaststätten usw. war der Tourismus 2010 mit rund 500 000 Beschäftigten (1998: 415 900 Beschäftigte) der größte Arbeitgeber des Landes und zudem der Wirtschaftssektor mit den höchsten Steigerungsraten.

Europäische Touristen bleiben länger in Australien als asiatische, Asiaten geben mehr Geld aus. Fast die Hälfte der australischen Auslandsreisenden haben den asiatischen Raum als Ziel, die andere Hälfte verteilt sich zu etwa gleichen Teilen auf Neuseeland, Europa, Nordamerika und sonstige Ziele. Bei der Begünstigung des asiatischen Raumes als Ziel spielen insbesondere die Kosten und die Erreichbarkeit eine Rolle.

Ökologische Probleme

Innerhalb Australiens sind die touristischen Ziele zwar unterschiedlich ausgelastet, da die Schwerpunkte ausländischer und einheimischer Gäste jahreszeitlich nicht deckungsgleich sind, dennoch kommt es regional zu Übernutzungserscheinungen. Das Große Barriereriff z. B. ist bereits heute durch Abwässer und Bootsverkehr stark belastet, **Korallen** werden durch Anker und Betreten geschädigt. Trotz aller Beteuerungen der Tourismusmanager, Entscheidungen und Maßnahmen an der Umweltverträglichkeit auszurichten, geben die prognostizierten Touristenzahlen durchaus Anlass zu berechtigtem Zweifel daran.

46 **Queensland hält Ausschau nach Backpackern**

„2013 verspricht ein gutes Jahr für Backpacker zu werden, um nach Queensland zu reisen. Der Tourismusverband des zweitgrößten Bundesstaates beschloss im Zuge der jährlichen Backpacker and Youth Industry-Konferenz, einen großen Anteil ihres kommenden Jahresbudgets in den Rucksacktourismus zu investieren. Ein konkreter Haushaltsplan wird erst im September verabschiedet. Doch schon jetzt befindet man sich in der Planung, wie und mit welchen Mitteln sich der Backpacker von morgen nach Queensland locken lässt, so Anthony Hayes von Tourism Queensland.

Auch im letzten Jahr präsentierte sich Queensland verstärkt in der Werbung, vor allem im australischen Fernsehen. Es zeigte sich von der besten Seite – zauberhafte Strände, immergrüne Regenwälder und abenteuerreiche Aktivitäten. Der Sunshine-State hat weder durch die Überschwemmungen noch Zyklone an Attraktivität verloren. Er war 2011 nach New South Wales das beliebteste Urlaubsziel unter den Backpackern.

Nicht nur Queensland hat ein größeres Auge auf die Backpacker geworfen. Andrew McEvoy, Direktor von Tourism Australia, erklärte auf der Konferenz, dass diese im vergangenen Jahr knapp ein Drittel der internationalen Besucher ausmachten. Da sie sich für längere Zeit in Australien aufhalten und viel umherreisen, seien die Backpacker besonders interessant für die Reisebranche."

www.reisebine.de/News/newsartikel-australien.asp?Code=QLDBackpacker-5007, Mai 2012

24 Beschreiben Sie die Entwicklung des Tourismus in Australien.

25 Erklären Sie den Widerspruch zwischen den einerseits steigenden australischen Tourismuseinnahmen und dem andererseits rückläufigen Anteil des Tourismus am australischen BIP.

26 Beurteilen Sie die Möglichkeiten, den Tourismus im Outback weiter auszubauen.

27 Erörtern Sie, ob der Tourismus Chancen zur Integration der Aborigines bietet.

Material
Weitere Daten zum austr. Tourismus
104113-3501

Material
Infoblatt „Aboriginal Tourism"
104113-2403

Material
Ländervergleich Tourismuseinnahmen
104113-3502

Perspektiven

Die australische Regierung fördert einerseits Investitionen in den Tourismus mit steuerlichen Vergünstigungen, stellt andererseits aber auch in vielen Bereichen Gelder zur Verfügung, die z.B. für Maßnahmen zur Abfallverringerung und Aufklärung über einen umweltfreundlichen Tourismus vorgesehen sind.

Strategien zum weiteren Ausbau des Tourismus zielen beispielsweise auf eine Stärkung des Rucksacktourismus ab. Rucksackreisende bleiben im Durchschnitt deutlich länger in Australien als andere Touristen und geben außerdem doppelt so viel Geld aus.

Die bereits vorhandenen Nationalparks und weitere Schutzgebiete bieten gute Voraussetzungen für die Weiterentwicklung des Ökotourismus. Zusätzliche Möglichkeiten ergeben sich angesichts der positiven Erfahrungen im Nordterritorium aus einer stärkere Einbindung der **Aborigines**. Unter räumlichen Gesichtspunkten bieten sich als ausbaufähige Tourismusziele die noch kaum bzw. nur gering erschlossenen Gebiete im Landesinnern an.

47 Vorschläge für ein vernünftiges Nebeneinander von Gästen und Einheimischen (United Nations Environment Program):

„1. Der Tourismus soll sich von den überfüllten Küstenregionen weg und nach Gegenden hin entwickeln, die dünn besiedelt sind und wo es noch genügend Raum gibt.
2. In allen Fremdenverkehrsregionen müssen Naturreservate geschaffen werden, die vom Tourismus ausgespart und geschützt werden sollten.
3. Es muss ein Tourismuscodex entwickelt werden, den sowohl die Gäste wie die Gastgeber als verpflichtend anerkennen.
4. Bei allen am Meer gelegenen Orten müssen Höchstraten für den Touristenstrom festgesetzt werden: etwa ein Maximum von 600 Menschen pro Hektar Strand."

www.marketing-im-tourismus.de/freizeit-und-tourismus/zukunftsprobleme-der-fremdenverkehrswirtschaft/, März 2012

48 Regionale Verteilung des Australientourismus 2010

Nach www.ret.gov.au/tourism/Documents/tra/International%20Visitor%20Survey/InternationalVisitorsAustralia,September2011.pdf; www.tourism.australia.com, beide März 2012

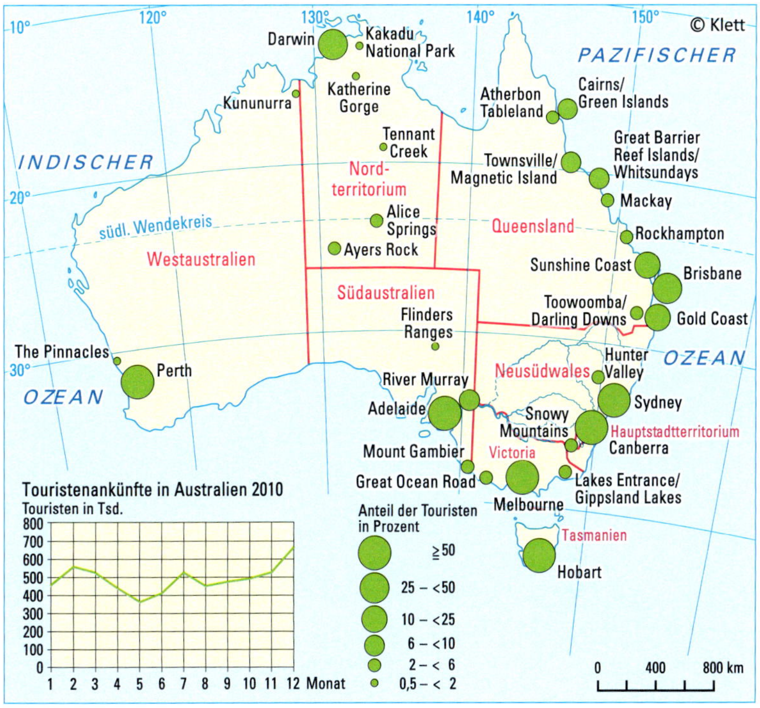

49 Herkunft der Auslandstouristen

International visitors in Australia, versch. Jg., auf www.ret.gov.au, März 2011

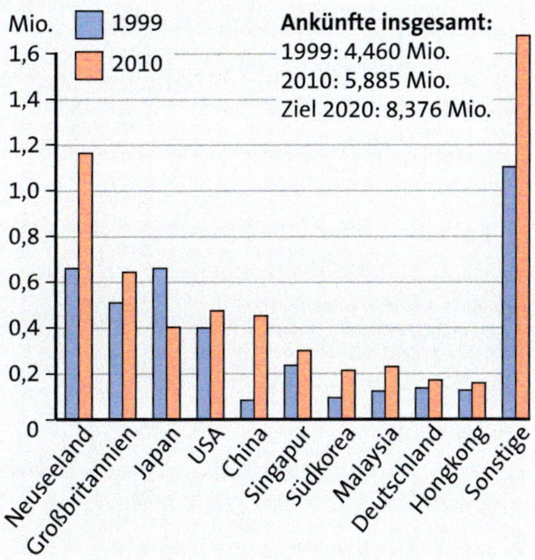

50 Tourismuseinnahmen 2010 (in Mrd. US-$)

Nach www.ret.gov.au/tourism/Documents/Tourism%20Statistics/2011/At-a-glance-May%202011.pdf, März 2012

1. USA	103,1
2. Spanien	52,5
3. Frankreich	46,3
4. China	45,8
5. Italien	38,8
6. Deutschland	34,7
7. Großbrit.	30,4
8. Australien	30,1
9. Hongkong	23,0
10. Türkei	20,8

28 Erläutern Sie die räumliche Verteilung des Australientourismus.

29 Überprüfen Sie, ob die Vorschläge aus Quellentex 47 in Australien realisiert worden sind.

30 Fertigen Sie zum Thema „Traumziel Australien" eine PowerPoint-Präsentation an.

Uluru-Nationalpark: Nutzungs- und Interessenkonflikte

51 Ayers Rock und The Olgas – Reste eines Faltengebirges

Ayers Rock:
Inselberg – 3,6 x 2,4 km;
Umfang an der Basis 9 km;
höchster Punkt:
348 m über Gelände,
867 m NN;
in der Sprache der Aborigines
Uluru = Schattenplatz

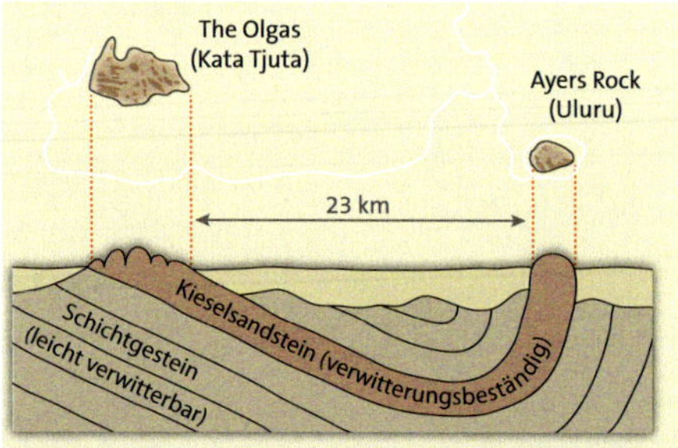

Die steil aufgerichteten Schichten von Ayers Rock und The Olgas zeigen, dass die Inselberge aus einem Faltengebirge hervorgegangen sind. Dieses ist Teil des transaustralischen Faltungsgürtel, der quer durch den Kontinent verläuft. Nach dessen Auffaltung, abgeschlossen vor 300 Mio. Jahren, setzte die Abtragung ein. Intensiv gefaltete und zerstückelte Gesteinsschichten bieten der Verwitterung und Abtragung mehr Angriffspunkte als Schichtenfolgen, die ihre ursprüngliche Lage mehr oder weniger beibehalten haben. Ablagerungen vom Grund eines vorzeitlichen Sees auf den Ebenen zwischen beiden Härtlingen sind 60 Mio. Jahre alt. Möglicherweise war der Inselberg damals eine echte Insel. Somit wäre der Uluru wohl der älteste Berg der Erde – viel älter als der Mount Everest oder die anderen Rekordberge.
Die Felsen bestehen aus zahlreichen annähernd senkrechten Schichten. An den Flanken bilden die härteren Schichten Rippen, die weicheren bilden Rinnen. Die seltenen, aber heftigen Regengüsse stürzen wasserfallartig die Flanken zum Fuß des Felsens herab, durchtränken ihn und beschleunigen dort die Verwitterung. Der feuchte Schutt verwittert rasch bei den tropisch-warmen Temperaturen und verwandelt sich in kleinere Partikel, die von Wind und Wasser rasch abgetragen werden. So entsteht die fast messerscharfe Grenzlinie zwischen der Ebene und den bis über 80° steilen Wänden. Diese weichen pro Jahr wohl um wenige Bruchteile von Millimetern zurück, möglicherweise aber auch schneller.

Der Uluru-Nationalpark umfasst 126 000 ha und liegt an der Südgrenze des Bundesstaates Northern Territory. Er gehört zu den beliebtesten Touristenzielen in Australien und hat dazu beigetragen, dass sich der Tourismus im **Outback** zu einem bedeutenden Wirtschaftsfaktor entwickeln konnte.
Ayers Rock, seit 1993 offiziell Uluru, liegt an der Ostflanke des Nationalparkes, der 1987 von der UNESO zum Weltkulturerbe erklärt wurde. Er ist für die **Aborigines** ein Heiligtum, da sich dort mehrere ihrer heiligen Stätten befinden. Das bedeutet aber auch, dass er nicht bestiegen werden sollte.
Der Nationalpark ist vom 450 km nordöstlich gelegenen Alice Springs in etwa fünf Stunden auf geteerten Straßen oder in 40 Minuten per Flugzeug erreichbar.

52 Interessenkonflikte

„Im September 1972 wurde eine Untersuchung über die Probleme am Ayers Rock vom Innenministerium des Commonwealth, das für das N.T. zuständig war, veröffentlicht. Die Ergebnisse lasen sich wie folgt: ‚Unansehnliche Unterkunftseinrichtungen und damit verbundene Unternehmungen, die sich auf die Ebene um den Ayers Rock konzentrieren, vermindern und setzen seine visuelle Wirkung herab und kreieren dazu Probleme mit der Wasserversorgung, Müllanhäufung, Abfallentsorgung, Gefahr für die Gesundheit, Umweltverschmutzung, Beeinträchtigung der heimischen Flora und Fauna sowie Bodenerosion. Hinzu kommt, dass die Verhinderung von Vandalismus, Entweihung von geheiligten Stätten der Aborigines und Beschädigung der Felsmalereien sich aufgrund der wild wuchernden Ausbreitung des Touristendorfes als schwierig gestalten. Touristen können am Abend und in der Nacht ohne Schwierigkeiten und ungesehen zum Ayers Rock gelangen. Eine Verlagerung der bestehenden touristischen Infrastruktur – vorzugsweise außerhalb des Parks – wird dringend empfohlen."

Birgit Hain: Tourismus im australischen Outback – das Beispiel Uluru-Kata Tjuta National Park. In: Geographische Rundschau, 57. Jg., H. 5. Braunschweig: Westermann 2005, S. 45

Material
Inselberge, Flächenbildung
104113-3503

Material
Infoblatt „Aboriginal Tourism“
104113-2403

Surftipp
Plan Ayers Rock Resort
104113-3504

53 Ayers Rock Resort

56 Entwicklung der Besucherzahlen im Uluru-Nationalpark

Nach Birgit Hain: a. a. O., S. 44,

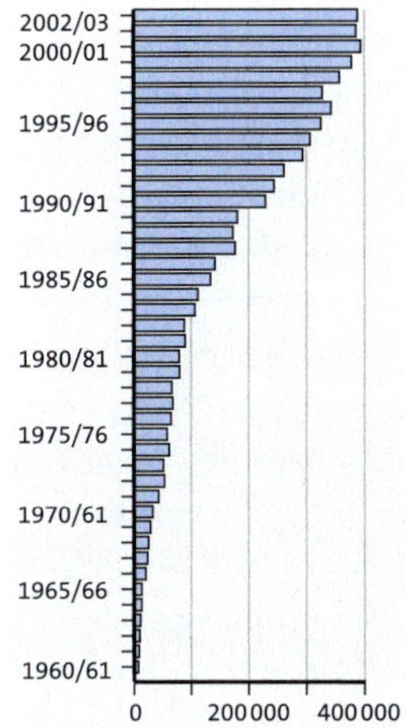

54 Visitor Centre

“Don’t miss an opportunity to relax and learn more about our Resort. Stroll around the Resort Shopping Square, laze away in the afternoon sun or drop by the Visitors Centre for a learning experience not to be missed! The informative and interactive displays will give you insights to the history of the Resort, Aboriginal culture, Uluru (Ayers Rock), Kata-Tjuta (the Olgas) and the surrounding desert environment. You’ll find the Visitors Centre adjacent to Desert Gardens Hotel. Audio Guides are available at the Visitors Centre for $2.00 per tour available languages German, Japanese, Italian and English.”

Aus: Uluru (Ayers Rock) Experiences & Tours, S. 1, auf www.ayersrockresort.com.au/images/pdfs/ARR_touring_factsheet_EX_AW_2011.pdf, Febr. 2012

55 Ayers-Rock-Tourismus quantitativ

Roy Morgan Research, Regional Profile Report. Uluru – June 2010, auf www.tourismnt.com.au/research/nt-visitor-statistics/roy-morgan-regional-profiles.aspx, Febr. 2012

	Anteile (%)	
	Australientouristen insgesamt	**Uluru-Besucher**
Geschlecht		
Männlich	48,3	58,5
Weiblich	51,7	41,5
Alter (Jahre)		
14–< 18	6,1	3,9
18–< 25	9,9	8,3
25–< 35	17,1	5,2
35–< 50	27,5	28,5
50–< 65	24,4	33,6
65 u. älter	14,9	20,5
Einkommen (AUD)		
0–< 15 000	28,5	24,7
15 000–< 40 000	28,2	31,1
40 000–< 70 000	23,3	17,9
≥ 70 000	20,0	26,3

31 Beschreiben Sie die Entstehung des Uluru.

32 Der Uluru ist ein heiliger Ort der australischen Ureinwohner. Erörtern Sie Schwierigkeiten, die sich angesichts der Magnetfunktion für den Tourismus ergeben.

33 Beschreiben Sie die Entwicklung des Tourismus am Ayers Rock und auftretende Probleme.

34 Vergleichen Sie die Sozialstruktur der Besucher des Uluru-Nationalparks mit der allgemeiner Touristen.

35 Erörtern Sie, ob der Tourismus dem Uluru-Nationalpark nutzt oder schadet.

36 Beurteilen Sie, inwiefern das Ayers Rock Resort als gelungenes Konzept gelten kann.

TERRA METHODE

SWOT-Analyse im Geographieunterricht – Fallbeispiel Tourismus in Neuseeland

Die SWOT-Analyse kommt eigentlich aus dem Feld der Wirtschaft und ihrer Unternehmen und dient dort der Entwicklung von Strategien für die weitere Ausrichtung von Unternehmensstrukturen. Als Basis analysiert man die Stärken und Schwächen, verbunden mit einer Chancen-Risiken-Betrachtung. Ziel ist es, herauszufinden, inwieweit die gegenwärtige Strategie des Unternehmens sowie seine spezifischen Stärken und Schwächen geeignet sind, um auf Veränderungen in der Unternehmensumwelt adäquat reagieren zu können.

Bei genauer Betrachtung der Vorgehensweise wird schnell deutlich, dass auch die Geographie ein Einsatzfeld der SWOT-Analyse sein kann.

57 SWOT-Analyse in der Wirtschaft

„Der SW-Teil befasst sich mit den internen Faktoren – den Stärken und Schwächen des Unternehmens. Dies sind die Fähigkeiten und Ressourcen, über die die Unternehmung verfügt bzw. die sie unter Kontrolle hat.

Der OT-Teil ... identifiziert die Chancen und Risiken, die sich für das Unternehmen aus Trends und Veränderungen in seiner Umgebung ergeben. Als externe Faktoren im Sinne der SWOT sind all diejenigen anzusehen, auf die das Unternehmen selbst keinen direkten Einfluss hat.

Die externe Analyse untersucht die politischen ..., wirtschaftlichen ..., sozio-kulturellen ..., technologischen ..., rechtlichen ... und ökologischen ... Einflussfaktoren und Trends.

Die wirklichen Stärken sind die Faktoren, die der Unternehmung zu einer relativ starken Wettbewerbsposition verhelfen, ... die wirklichen Schwächen die Punkte ..., die ... daran hindern, Wettbewerbsvorteile zu erringen.

Chancen, die wirklich von Bedeutung sind, sind nur solche, die vom Unternehmen auch genutzt werden können, da sie gut zu den strategischen Ressourcen und Werten passen. Echte Risiken sind die, mit denen sich die Unternehmung unweigerlich befassen muss – und wofür sie nicht gut ausgestattet ist.“

Dagmar Recklies auf www.themanagement.de/MD/Swot.htm, März 2012

Auf den Seiten 72–75 wurde der Tourismus in Australien betrachtet, auch seine Chancen und Grenzen. Ein Land, das gerade im Hinblick auf seine wirtschaftliche und soziale Zukunft den Tourismus braucht und entwickeln muss, ist Neuseeland. Diese Thematik kann Gegenstand einer **SWOT-Analyse** sein.

1. Schritt: Zielvereinbarung

Die Analyse muss mittels eines vereinbarten Zieles thematisch geleitet werden, wie z. B.: Neuseeland muss den Tourismussektor so gestalten, dass er sich ökonomisch zukunftsfähig und ökologisch nachhaltig entwickeln kann.

2. Schritt: Interne Analyse

Ermitteln der Stärken und Schwächen sowie Eintragen der Ergebnisse in die Matrix (s. u. bzw. Online-Link 104106-5301)

3. Schritt: Externe Analyse

Ermitteln relevanter Chancen und Risiken sowie Eintragen der Ergebnisse in die Matrix (s. u.)

4. Schritt: Auswertung

Untersuchung verschiedener Kombinationen und Entwicklung von Strategien:

SO – Stärke-Chancen-Kombination
ST – Stärke-Gefahren-Kombination
WO – Schwäche-Chancen-Kombination
WT – Schwäche-Gefahren-Kombination

5. Schritt: Ergebnisse zusammenfassen und adressatengerecht präsentieren

58 SWOT-Analyse in der Wirtschaft – Matrix

Zusammenstellung Autor nach ww.tcw.de/management-consulting/qualitaet/swot-analyse-118 und www.projektmagazin.de/sites/default/files/imported/glossar/swot-analyse.gif, März 2012

		Externe Faktoren	
SWOT-Analyse		**Opportunities = Chancen** Was sind unsere Zukunftschancen? Was können wir im Umfeld nutzen? Was liegt noch brach?	**Threats = Risiken** Was kommt an Schwierigkeiten auf uns zu? Was sind mögliche Risiken bzw. kritische Faktoren? Womit müssen wir rechnen?
Interne Faktoren	**Strengths = Stärken** Was läuft gut? Was sind unsere Stärken? Wo stehen wir momentan?	Mit den eigenen Stärken bestehende Chancen nutzen, z. B. mit bestehenden Produkten einen neuen Absatzmarkt erschließen.	Mit den eigenen Stärken bestehende Gefahren abwehren, z. B. durch Werbung für bestehende Produkte einen neuen Wettbewerber zurückdrängen.
	Weaknesses = Schwächen Was ist schwierig? Wo liegen unsere Barrieren? Was fehlt uns?	Eigene Schwächen beseitigen, um bestehende Chancen zu nutzen, z. B. neue Produkte entwickeln, um Kundenanforderungen zu erfüllen.	Eigene Schwächen beseitigen, um drohende Gefahren bestehen zu können, z. B. Qualitätsmängel des eigenen Produktes beseitigen, um einen Wettbewerber zurückzudrängen.

Material
SWOT-Matrix zum Ausdrucken
104113-3505

Material
Infoblatt Tourismus Südsee – Mythos und Wirklichkeit
104113-3303

59 Neuseelandtourismus – Einreisen aus Regionen

Nach www.stats.govt.nz/browse_for_stats/industry_sectors/Tourism/tourism-satellite-account-2011.aspx und New Zealand. Tourism Satellite Account, versch. Jahrg.

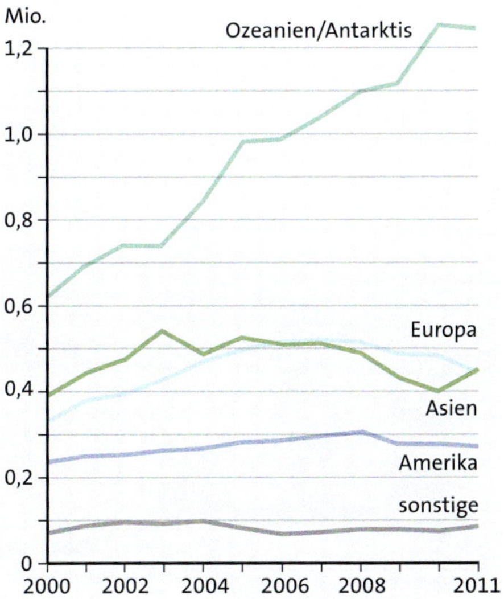

61 Destination Auckland

Berechnungen des Autors nach www.luftlinie.org und www.verkehrsmittelvergleich.de, beide Mai 2012

	Entfernung (km)	Hin- und Rückflug (€ / Person)
Hannover	17 950	1 550,00
Hongkong	9 161	900,00
London	18 357	1 220,00
Los Angeles	10 508	852,00
Mumbai	12 310	1 044,00
New York	14 210	1 083,00
Ottawa	14 243	1 540,00
Paris	18 566	1 288,00
Seoul	9 632	909,00
Shanghai	9 392	770,00
Singapur	8 427	595,00
Sydney	2 159	255,00
Tokyo	8 851	910,00

63 Reisegründe nach Neusseeland 2011

Nach www.stats.govt.nz/browse_for_stats/industry_sectors/Tourism/tourism-satellite-account-2011.aspx, Mai 2012

Einreisen insgesamt: 2,495 Mio.

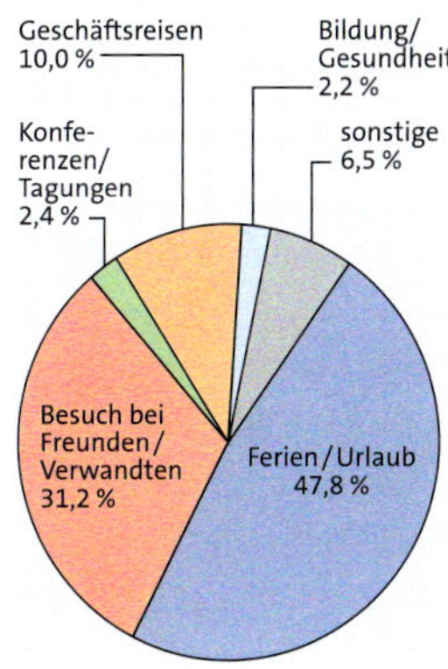

60 Neuseeland – weitab vom Schuss

„Der Tourismus in Neuseeland ist vor allem auf der dünn besiedelten Südinsel des Landes ein wichtiger Wirtschaftsfaktor. Naturverbundener Abenteuerurlaub steht im Mittelpunkt. Die Nordinsel bietet neben landschaftlichen Reizen mit Auckland zudem ein attraktives Ziel für Städtereisende. Kulturelle Reisegründe sind in Neuseeland noch unbedeutend. Ähnlich wie nordeuropäische Länder positioniert sich Neuseeland als ‚grüne' Urlaubsdestination. Problematisch ist jedoch die abgeschiedene geographische Lage des Inselstaates. Auf das mit einem Anteil von 11 % am BIP durchschnittlich vom Tourismus abhängige Land hat der Klimawandel bis 2030 tendenziell positive Folgen. Steigende Temperaturen und abnehmende Niederschläge könnten günstig auf den Sektor wirken. Ins Gewicht fallen allerdings ... indirekte Auswirkungen des Klimawandels, die den Tourismus in Ozeanien insgesamt negativ beeinflussen; der Anteil von Australiern und Asiaten an den Neuseeland-Touristen ist ... recht hoch."

Philipp Ehmer/Eric Heymann in: Klimawandel und Tourismus. Wohin geht die Reise? Deutsche Bank Research. 5. Mai 2008, S. 26.

62 Whakarewarewa Thermal Reserve in Rotorua, South Auckland

Seite 54–55
Bevölkerung Neuseelands

Seite 58–59
Seit Jahrmillionen Teil einer Welt in Bewegung

Seite 60–61
Klimawandel

Seite 87
Strukturdaten Neuseeland

37 Führen Sie unter der angegebenen Zielvorstellung (s. 1. Schritt) eine SWOT-Analyse für Neuseeland durch.
Dies geschieht am besten in Gruppenarbeit. Ziehen Sie weitere Materialien aus diesem Schülerbuch, dem Atlas, Reiseprospekten hinzu; recherchieren Sie dazu auch im Internet. Eine SWOT-Matrix zum Ausdrucken erhalten Sie unter dem Online-Link 104113-3505.

4 Australien / Ozeanien als konstruierter Raum

„Alles außer uns ist nur Element, ja ich darf wohl sagen, auch alles an uns; aber tief in uns liegt diese schöpferische Kraft, die das zu erschaffen vermag, was sein soll, und uns nicht ruhen und rasten lässt, bis wir es außer uns oder an uns, auf eine oder die andere Weise, dargestellt haben."

Johann Wolfgang Goethe, Wilhelm Meisters Lehrjahre, S. 164, auf www.digbib.org/Johann_Wolfgang_von_Goethe_1749/Wilhelm_Meisters_Lehrjahre, März 2012

Räume werden ins rechte Licht gerückt, sie werden von Institutionen, Medien oder der Werbung so präsentiert, dass sie beispielsweise besonders attraktiv wirken bzw. eine bestimmte Personengruppe ansprechen. Auf diese Weise werden sie konstruiert oder wie in einem Film in Szene gesetzt. Der Raum wird somit zu einem Element von Handlung und Kommunikation.
Auf diese Weise entstand beispielsweise die Kulisse der Filmtrilogie „Der Herr der Ringe" und damit der Lebensraum der Hobbits auf Neuseeland.
Für den Bau des Hobbitdorfes wurden massive Erdbaugeräte, die die neuseeländische Armee zur Verfügung stellte, eingesetzt. Auf dem Grundstück eines Farmers wurde eine 1,5 km lange Straße verlegt.
In neun Monaten wurden Hecken und Bäume herangeschafft und 37 Hobbithöhlen aus unbehandeltem Holz und Styropor in einen Berghang implantiert.
Außerdem wurden eine Mühle, eine doppelbögige Brücke und eine Gastwirtschaft mit Reetdach am Wasser errichtet. Die Stromversorgung übernahmen Generatoren, das Wasser musste herantransportiert werden.

1 Neuseeland für den Tourismusmarkt inszeniert (einem Reiseprospekt nachgestaltet)

2 Dateline

Kompetenzen erwerben:
- räumliche Inszenierungen von Australien / Ozeanien kennenlernen,
- sich in virtuellen Welten orientieren und diese mit realen Gegebenheiten in Beziehung setzen,
- Entscheidungsprozesse in ihren Auswirkungen auf den Raum bewerten,
- die Folgen der Bewegung von staatlichen Räumen über die Datumsgrenze beurteilen,
- am Beispiel von Australien und Neuseeland die Intentionen beim Konstruieren von Räumen bewerten,
- Unterschiede zwischen intentionalen und informativen Quellen erläutern.

4.1 Sprung in die Zukunft

Wer einen Urlaub an der **Datumsgrenze** plant, muss aufpassen. Beim Buchen des Hotels müssen Touristen, die am 30. Dezember von Tonga nach Samoa fliegen, dort ein Zimmer für den 29. buchen. Fliegen sie jedoch am 30. Dezember von Samoa, also in umgekehrter Richtung, muss für den 31. das Zimmer reserviert werden.

Vom 29. zum 31. Dezember. Nach 119 Jahren beschloss Samoa, die Datumsgrenze zu überspringen und dabei einen Tag ausfallen zu lassen: Statt am 30. Dezember wachten die Samoaner also bereits am 31. Dezember 2011 auf. Damit begrüßte der Pazifikstaat als Erster das neue Jahr.

Der Grund für diesen Eingriff in den Verlauf der Zeitzonen ist ein ökonomischer. Samoa passt auf diese Weise seine Zeitzone an die wichtigen Geschäftsverbindungen nach Neuseeland, Australien und Asien an. Bisher verlor Samoa beim Handel mit Australien und Neuseeland zwei Geschäftstage pro Woche: Wenn in Samoa Freitag war, war es in Neuseeland Samstag. Wenn man am Sonntag in die Kirche ging, wurden in Australien bereits Geschäfte gemacht. Jetzt ist die Anzahl der gemeinsamen Werktage gleich.

In Samoa sieht man den Tourismus um eine werbewirksame Attraktion reicher, da beispielsweise zwei Geburtstage, zwei Hochzeiten und zwei Hochzeitstage zum selben Datum, aber an verschiedenen Tagen gefeiert werden können, bei einer Entfernung von weniger als einer Flugstunde.

3 Wechselspiel

„Samoa ist schon mal in die andere Richtung gesprungen: Im Jahr 1892, in dem Glauben, die zeitliche Nähe zu den USA zahle sich aus. Jetzt laufen die Wirtschaftsströme in anderer Richtung. Asien, Neuseeland und Australien liegen westlich der Datumsgrenze."

boj/dpa auf SPIEGEL ONLINE vom 26.12.2011, www.spiegel.de/wissenschaft/mensch/0,1518,805814,00.html, März 2012

4 Eingriff in den Verlauf der Datumsgrenze

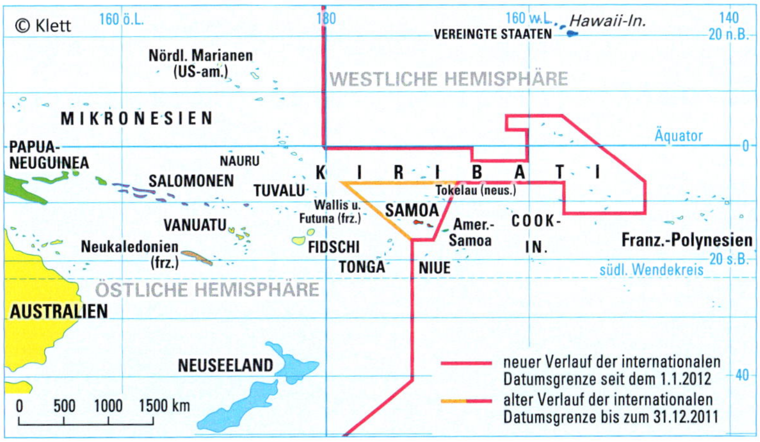

5 Die Sache mit dem verlorenen oder gewonnenen Tag

„... ist auch in die Literatur eingegangen – beispielsweise bei Jules Verne. In seinem Roman ‚In 80 Tagen um die Welt' fürchtet Phileas Fogg bei seiner Rückkehr nach London, dass er seine Wette verloren habe, ehe ihm klar wird, dass er bei seiner Weltumrundung in östlicher Richtung einen Tag gewonnen hat.

Und dann ist da noch Kiribati. Bis 1995 lief die Datumsgrenze mitten durch das Inselreich im Pazifik, dessen Atolle in Ost-West-Ausdehnung über fast 5 000 Kilometer verteilt sind. Dann beschloss die Regierung, sich ganz nach Westen zu orientieren. So liegt die Insel Kiribati zwar östlich der Datumsgrenze, gehört zeittechnisch aber in die westliche Hemisphäre. Nachbarinseln argwöhnten, dass Kiribati die Umstellung vornahm, um sich als Land vermarkten zu können, das als erstes das neue Jahrtausend begrüßte."

Christiane Oelrich (dpa) in: Frankfurter Rundschau vom 29.12.2009, auf www.fr-online.de/panorama/silvester-an-der-datumsgrenze-anleitung-zum-zweimalfeiern,1472782,3177116.html, März 2012

Frühe französische Ausgabe

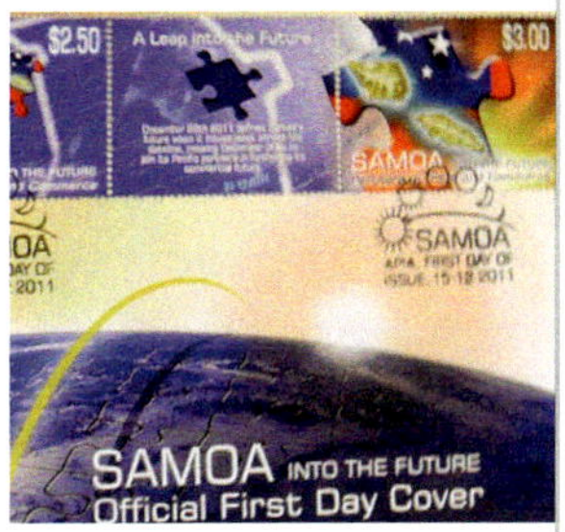

Ausschnitt eine Ersttagsbriefes

1 Erläutern Sie Gründe für die Konstruktion einer Datumsgrenze.

2 Erörtern Sie Samoas Gründe zum Wechsel auf die andere Datumsseite.

3 Gestalten Sie eine Werbeanzeige, in der Sie mit dem Sprung über die Datumsgrenze werben.

4.2 Australien/Ozeanien in Szene gesetzt

6 Wie man in Österreich Australien im Internet in Szene setzt

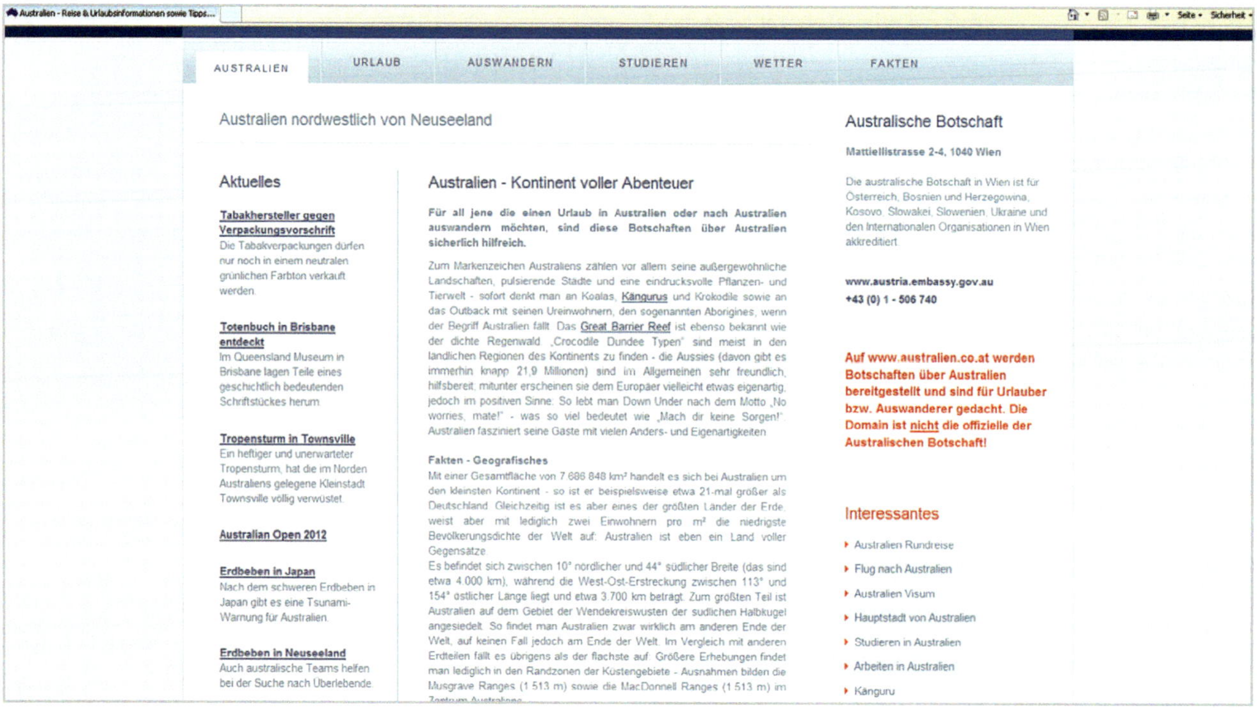

Australien - Reise & Urlaubsinformationen sowie Tipps...

AUSTRALIEN | URLAUB | AUSWANDERN | STUDIEREN | WETTER | FAKTEN

Australien nordwestlich von Neuseeland

Aktuelles

Tabakhersteller gegen Verpackungsvorschrift
Die Tabakverpackungen dürfen nur noch in einem neutralen grünlichen Farbton verkauft werden.

Totenbuch in Brisbane entdeckt
Im Queensland Museum in Brisbane lagen Teile eines geschichtlich bedeutenden Schriftstückes herum.

Tropensturm in Townsville
Ein heftiger und unerwarteter Tropensturm, hat die im Norden Australiens gelegene Kleinstadt Townsville völlig verwüstet.

Australian Open 2012

Erdbeben in Japan
Nach dem schweren Erdbeben in Japan gibt es eine Tsunami-Warnung für Australien.

Erdbeben in Neuseeland
Auch australische Teams helfen bei der Suche nach Überlebende.

Australien - Kontinent voller Abenteuer

Für all jene die einen Urlaub in Australien oder nach Australien auswandern möchten, sind diese Botschaften über Australien sicherlich hilfreich.

Zum Markenzeichen Australiens zählen vor allem seine außergewöhnliche Landschaften, pulsierende Städte und eine eindrucksvolle Pflanzen- und Tierwelt - sofort denkt man an Koalas, Kängurus und Krokodile sowie an das Outback mit seinen Ureinwohnern, den sogenannten Aborigines, wenn der Begriff Australien fällt. Das Great Barrier Reef ist ebenso bekannt wie der dichte Regenwald. „Crocodile Dundee Typen" sind meist in den ländlichen Regionen des Kontinents zu finden - die Aussies (davon gibt es immerhin knapp 21,9 Millionen) sind im Allgemeinen sehr freundlich, hilfsbereit; mitunter erscheinen sie dem Europäer vielleicht etwas eigenartig, jedoch im positiven Sinne: So lebt man Down Under nach dem Motto „No worries, mate!" - was so viel bedeutet wie „Mach dir keine Sorgen!". Australien fasziniert seine Gäste mit vielen Anders- und Eigenartigkeiten

Fakten - Geografisches
Mit einer Gesamtfläche von 7 686 848 km² handelt es sich bei Australien um den kleinsten Kontinent - so ist er beispielsweise etwa 21-mal größer als Deutschland. Gleichzeitig ist es aber eines der größten Länder der Erde, weist aber mit lediglich zwei Einwohnern pro m² die niedrigste Bevölkerungsdichte der Welt auf: Australien ist eben ein Land voller Gegensätze.
Es befindet sich zwischen 10° nördlicher und 44° südlicher Breite (das sind etwa 4.000 km), während die West-Ost-Erstreckung zwischen 113° und 154° östlicher Länge liegt und etwa 3.700 km beträgt. Zum größten Teil ist Australien auf dem Gebiet der Wendekreiswüsten der südlichen Halbkugel angesiedelt. So findet man Australien zwar wirklich am anderen Ende der Welt, auf keinen Fall jedoch am Ende der Welt. Im Vergleich mit anderen Erdteilen fällt es übrigens als der flachste auf: Größere Erhebungen findet man lediglich in den Randzonen der Küstengebiete - Ausnahmen bilden die Musgrave Ranges (1 513 m) sowie die MacDonnell Ranges (1 513 m) im

Australische Botschaft

Mattiellistrasse 2-4, 1040 Wien

Die australische Botschaft in Wien ist für Österreich, Bosnien und Herzegowina, Kosovo, Slowakei, Slowenien, Ukraine und den Internationalen Organisationen in Wien akkreditiert.

www.austria.embassy.gov.au
+43 (0) 1 - 506 740

Auf www.australien.co.at werden Botschaften über Australien bereitgestellt und sind für Urlauber bzw. Auswanderer gedacht. Die Domain ist nicht die offizielle der Australischen Botschaft!

Interessantes
- Australien Rundreise
- Flug nach Australien
- Australien Visum
- Hauptstadt von Australien
- Studieren in Australien
- Arbeiten in Australien
- Känguru

7 Werbeplakat zum Film „Australia", Ausschnitt

„Das Outback mag ein verzauberter Ort sein, aber wenn man hier ein paar Wochen drehen muss, weichen nostalgische Gefühle ganz schnell zwei wesentlichen Grundbedürfnissen: Wasser finden und Schutz suchen. Vor der erbarmungslosen Sonne, den lästigen Fliegen und den giftigen Spinnen, von Australiern liebevoll ‚Spideys' genannt. Wie für die meisten Australier, die sich in den Großstädten der Südhälfte ballen, war das unbesiedelte Hinterland auch für Nicole Kidman bis dahin so was wie Albanien: Man weiß, dass es existiert, käme aber nicht unbedingt auf die Idee hinzufahren."

Andrea Benda in: Brigitte 26/2008. Auf www.brigitte.de/kultur/kino-tv/nicole-kidman-australia-573648/, März 2012, gekürzt

Synonyme, die mit Australien verbunden werden sollen, sind Abenteuer, unberührte Landschaft, Kängurus, **Aborigines** sowie Freiheit. Das dadurch entstehende Bild wird in den verschiedensten Medien ganz bewusst unterstützt.
In vielen Filmen wird ein bestimmtes Australienbild transportiert, wie z.B. in „Australia", dem bisher längsten Spielfilm über Australien. Der australische Produzent und Regisseur Maz

4 Beschreiben Sie, wie der Raum Australien/Ozeanien mit den Materialien auf den Seiten 78 und 80–81 dargestellt wird.

5 Stellen Sie dar, mit welchen Mitteln die Räume konstruiert werden.

6 Analysieren Sie Reiseprospekte und im Internet veröffentlichte Selbstdarstellungen verschiedener Tourismusgebiete in Australien/Ozeanien.

7 Bewerten Sie diese Selbstdarstellungen vor den realräumlichen Hintergründen, die Sie bei der Arbeit mit diesem Schülerbuch kennengelernt haben.

Surftipp
Weitere Links zum Thema
104113-4201

8 Studieren in Australien

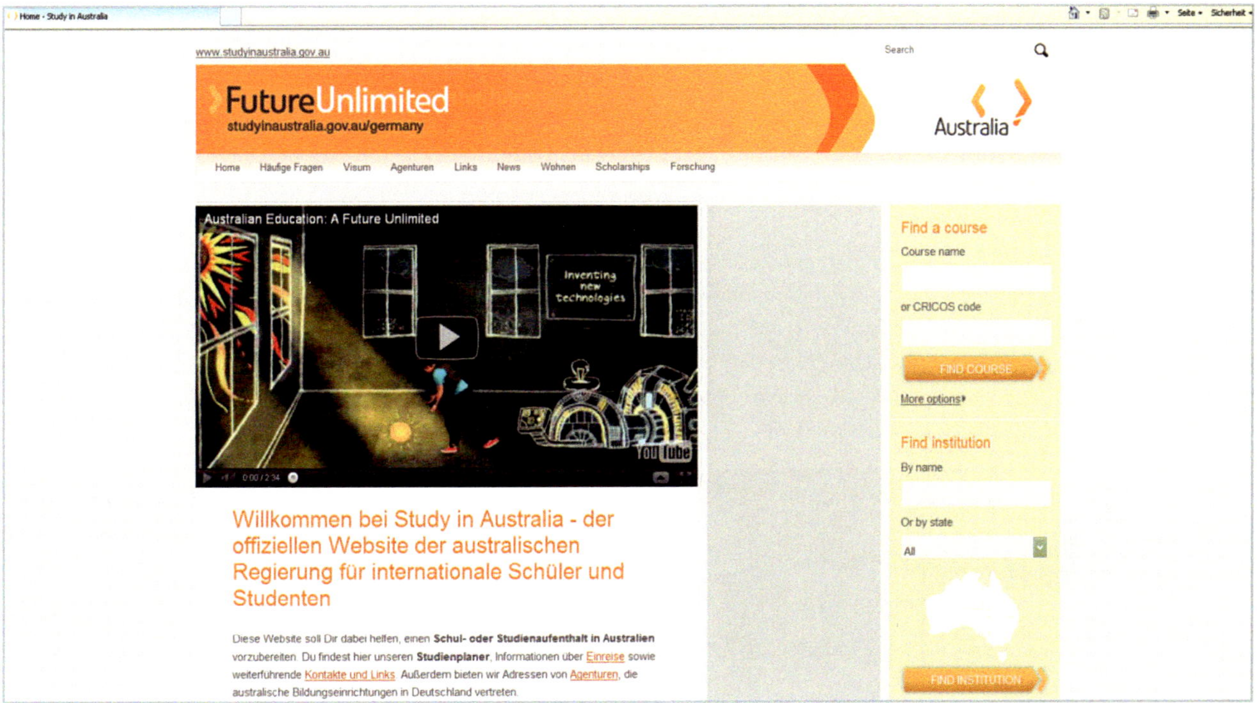

Luhrmann wählte als Drehorte einen kleinen Ort in Queensland, Darwin und eine Rinderfarm im **Outback**. Gezeigt werden grandiose Landschaftsaufnahmen mit Bildern, die wie gemalt wirken. Obwohl die Diskriminierung der Ureinwohner im Film in verschiedenen Szenen thematisiert wird, so werden die Aborigines doch eher als naturwüchsig und magisch dargestellt. Außer Film und Buch eignet sich besonders das Internet dazu, einen größeren Adressatenkreis zu erreichen. Regierungen, Werbefirmen oder aber Organisationen zeichnen ein Bild, das das Objekt überaus positiv und augenscheinlich vielfältig erscheinen lässt, wobei allerdings die Komplexität häufig reduziert wird. Die Botschaft, die gesendet wird, lässt Australien/Ozeanien als einen unkomplizierten Raum erscheinen, in dem Lebensfreude versprüht wird. Konstruiert wird zudem ein Raum, der eine perfekte Kombination von Natur und Weite, kulturellen Angeboten und Möglichkeiten für sportliche Aktivitäten, aber auch Entspannung bietet.

9 Städtetourismus in Melbourne

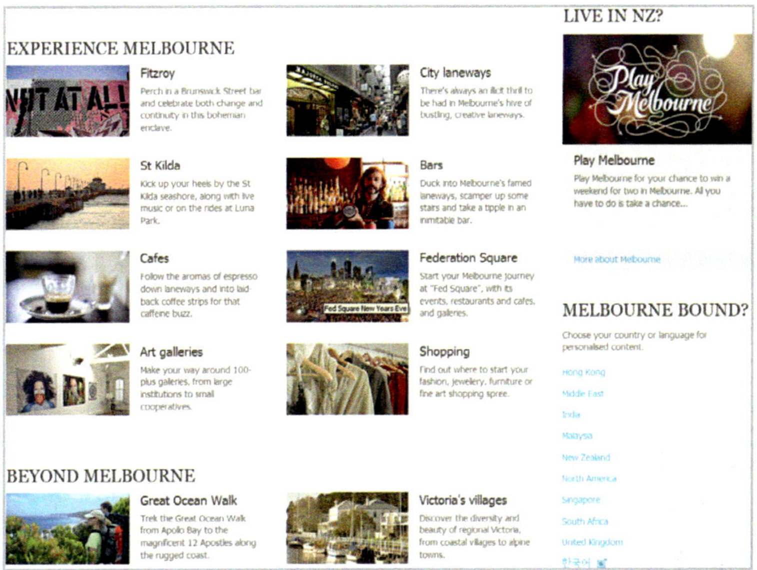

5 Kompetenzen vernetzen, festigen, überprüfen und erweitern

Als Vorbereitung auf Ihren weiteren Bildungsweg und auf Ihren beruflichen Werdegang müssen Sie als Schülerinnen und Schüler der gymnasialen Oberstufe einerseits in der Lage sein, den eigenen Lernprozess zu strukturieren, zu verbessern und zu reflektieren. Andererseits wird von Ihnen die Fähigkeit verlangt, das im Unterricht erworbene fachliche Wissen und methodische Können auch nachzuweisen und angemessen darzustellen, z. B. in Klausuren und letztendlich auch in der Abiturklausur.

Dieses Kapitel bietet Ihnen zunächst einmal eine Zusammenfassung der Gesamtthematik des Themenbandes mit den wichtigsten Fachbegriffen in der Randspalte (S. 83). Anhand ausgewählter Arbeitsaufträge können Sie dann Ihre erworbenen Kompetenzen überprüfen. Die Lösungen zu diesen Aufgaben finden Sie in der Internetbegleitung zu diesem Band.

Sie erhalten auch Tipps zur erfolgreichen Bewältigung einer Klausur und die Möglichkeit, mithilfe einer Musterklausur zu trainieren. Nützlich dafür ist auch die Übersicht im hinteren Buchdeckel, in der Anforderungsbereiche und Operatoren für Prüfungsaufgaben zusammengestellt sind, die Ihnen auch bei der Lösung der Arbeitsaufträge in diesem Schülerbuch helfen.

Die wichtigen Fachbegriffe des Buches, auf den Inhaltsseiten durch Fettdruck hervorgehoben und zusammenfassend aufgelistet auf Seite 83, werden im Anhang nochmals definiert. Festigen Sie hier Ihr Begriffswissen.

Über die Seitenangaben im Sachregister können Sie sich bestimmte Begriffe und Inhalte des Buches im Kurzzugriff erschließen.

Die Literaturhinweise ermöglichen Ihnen einen Einstieg in vertiefende Studien und Arbeiten zum Thema.

5.1 Kompetenzen vernetzen

1 Der Raum Australien / Ozeanien in komplexer Wahrnehmung (synoptisches Raumkonzept)

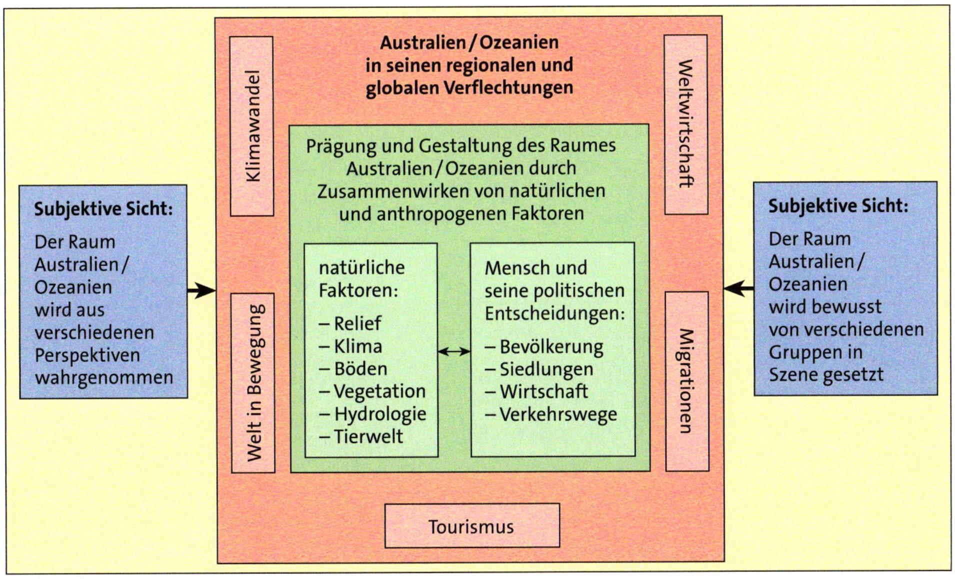

2 Australien/Ozeanien im Welthandel Datenbasis: WTO

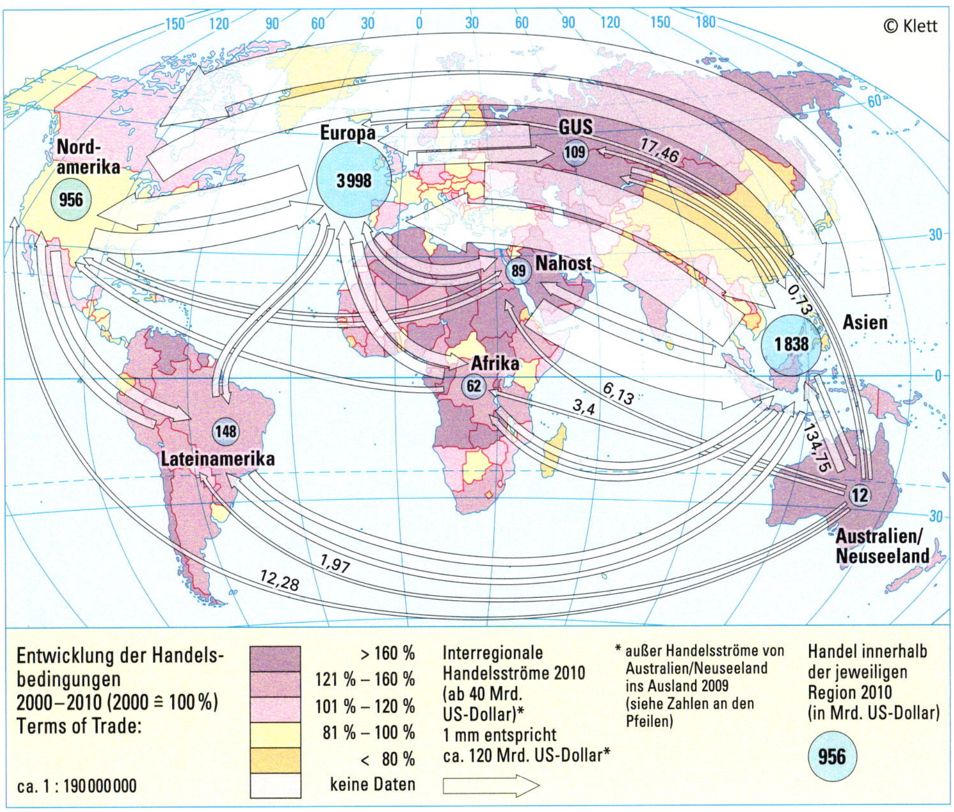

Diese Seite bietet eine strukturierte Zusammenschau des gesamten Themenbandes. Die folgende Doppelseite dient der Selbsteinschätzung: Verfüge ich tatsächlich über die mit der Bearbeitung der einzelnen Kapitel angestrebten Kompetenzen? Beherrsche ich das erforderliche Fachvokabular? Überprüfen Sie sich selbst.

Wichtige Fachbegriffe
(im Glossar erklärt)
Agronom. Trockengrenze
ASEAN
Ausländische Direktinvestitionen (ADI)
Backpacker
Bodendegradation
Datumsgrenze
Extensive Weidewirtschaft
Fertilitätsrate
Freihandelszone
Gartenstadt
Geburtenrate
Global Player
Gunst- / Ungunstraum
Human Development Index (HDI)
Joint Venture
Kulturerdteil
La Niña
Migration
Monokultur
Outback
Push- / Pull-Faktor
Raumanalyse
Reserven
Ressourcen
Rohstoffe
Sterberate
SWOT-Analyse
Tagebau
Verstädterung
WTO

5.2 Kompetenzen überprüfen

Überprüfen Sie – auch als Vorbereitung auf die Klausur – Ihre bei der Bearbeitung dieses Themenbandes erworbenen Kompetenzen. Zu den einzelnen Kompetenzbereichen finden Sie im Folgenden Aufgaben und Materialien, die ausgewählte Themen und Aspekte der vorangegangenen Kapitel aufgreifen.

Gehen Sie bei der Bearbeitung wie folgt vor:

1. Erarbeiten Sie zunächst für jede Aufgabe schriftlich Ihre eigene Lösung.
2. Vergleichen Sie diese dann mit den Lösungshinweisen in der Internetbegleitung zu diesem Band (Online-Link 104113-5201).
3. Bewerten Sie nun Ihre eigene Lösung anhand einer Notenskala von 1 bis 6/ Punkteskala von 15 bis 0 (sehr gut bis ungenügend).
4. Überlegen Sie, mit welchen Maßnahmen und Methoden Sie eventuell festgestellte Lücken oder Defizite schließen bzw. beseitigen können.

1. Räumliche Orientierung

Karte zum Ausdrucken unter dem Online-Link 104113-5202

1.1 Stellen Sie in der **Karte** „Australien / Ozeanien im Überblick" die Klimazonen dar.

1.2 Zeichnen Sie in diese **Karte** Gunst- und Ungunstgebiete für die landwirtschaftliche Nutzung ein.

1.3 Tragen Sie in die **Karte** die naturräumliche Gliederung Australiens ein.

Australien / Ozeanien im Überblick

2. Fachwissen

2.1 Erklären Sie die Niederschlagsverhältnisse der australischen **Stationen** Cairns und Kalgoorlie.

2.2 Beschreiben Sie die **Kostenentwicklung** bei der Exploration der australischen Bodenschätze.

2.3 Erläutern Sie die **Kostenentwicklung** der im linken Diagramm unter „andere" zusammengefassten Bodenschätze.

Klimadiagramm Cairns, Australien, Queensland

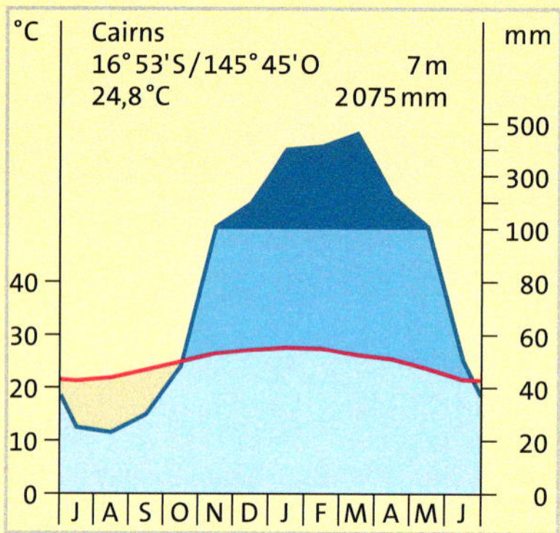

Klimadiagramm Kalgoorlie, Australien,Westaustralien

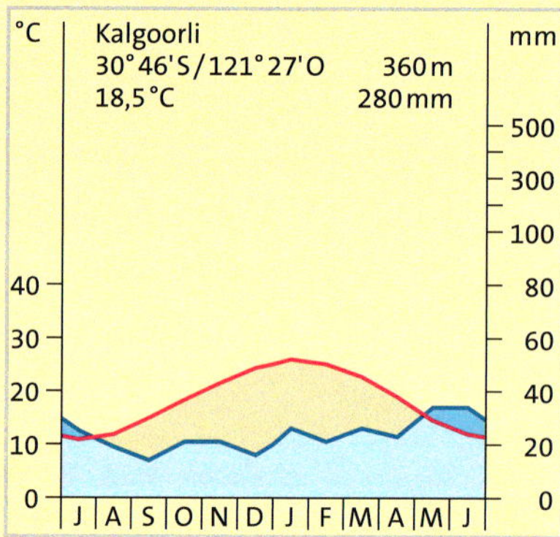

Kostenentwicklung bei der Exploration der australischen Bodenschätze

Nach Australian Government: Geoscience Australia, Australian Mineral Exploration. A review of exploration for the year 2010. February 2011, S. 2

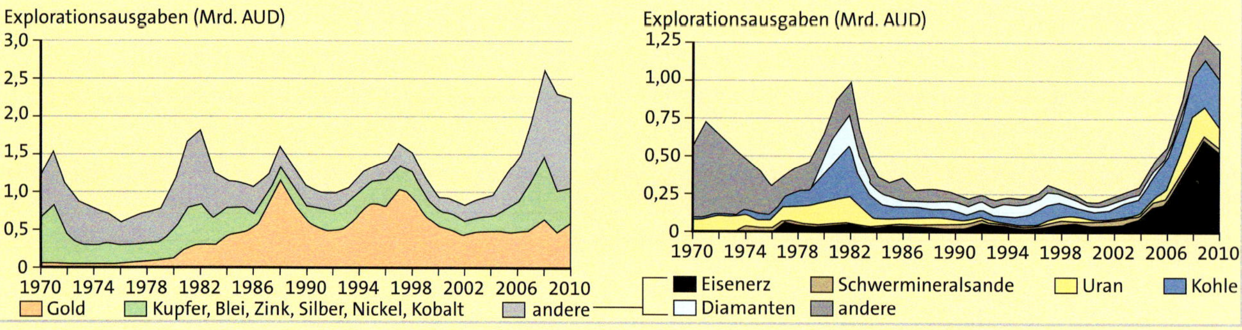

Material
Lösungshinweise
104113-5201

Material
Stumme Karte zum Ausdrucken
104113-5202

Material
Methode Statistiken/Texte auswerten
104113-5203

3. Erkenntnisgewinnung durch Methoden

3.1 Auswertung von **Tabellen und Diagrammen:**

a) Analysieren Sie die nebenstehenden Materialien im Hinblick auf die Wirtschaftsentwicklung und Wirtschaftsstruktur.

b) Erörtern Sie die Aussagekraft der beiden Materialien.

3.2 Begründen Sie fachsprachlich angemessen mithilfe des untenstehenden **Quellentextes**, warum Australien als Kulturerdteil bezeichnet werden kann.

Entwicklung des BNE / Kopf (in US-$ / Ew.)

Nach Der Fischer Weltalmanach. Frankfurt am Main: Fischer Taschenbuchverlag, versch. Jg.

Jahr	Australien	Neuseeland	Papua-Neuguinea
2009	43 770	28 810	1 180
2000	21 260	13 620	620
1990	17 420	12 970	830
1980	10 810	7 490	790
1970	3 280	2 180	240

Sektorale Wirtschaftsstruktur

Nach CIA World Factbook 2012

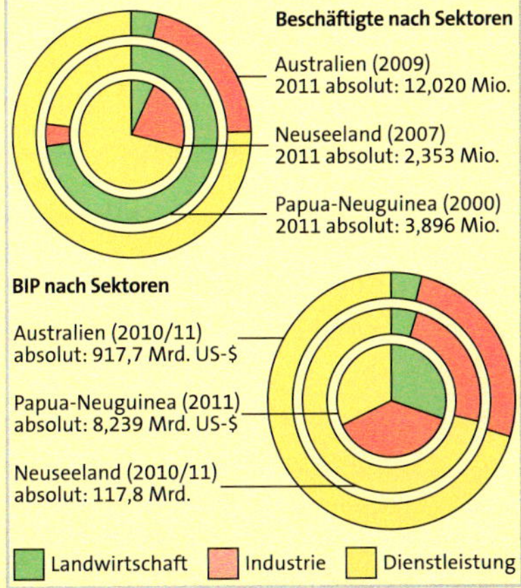

Australien – ein Kulturerdteil

„Allgemein wird ein Kulturerdteil folgendermaßen definiert: Zusammenhängende Großräume, die hinsichtlich ihrer kulturellen Prägung eine gewisse Einheitlichkeit aufweisen. Die frühen Einwanderer kamen bekanntlich aus dem europäischen Raum, außerdem wurde missioniert. So ist zu erklären, dass jeweils ein Viertel der Bevölkerung der römisch-katholischen oder der anglikanischen Kirche angehört und ein weiteres Viertel anderen christlichen Religionsgemeinschaften. Der Rest, überwiegend die Ureinwohner, besinnen sich auf ihre überlieferten Traditionen und Naturreligionen. Die ersten Menschen auf dem australischen Kontinent waren Aborigines. James Cook kam als einer der ersten Europäer 1770 an die Ostküste Australiens und nahm diese für die britische Krone in Besitz. Die australischen Ureinwohner wurden aus ihren angestammten Gebieten verdrängt. Nach rund 200 Jahren der Unterdrückung und Verdrängung wurden in den letzten Jahren von der australischen Regierung Maßnahmen zum Schutz ihrer Kultur unternommen, beispielsweise wurden den Aborigines Teile des Landes zurückgegeben und besondere Kultstätten als Schutzgebiete ausgewiesen. In Australien leben vor allem Menschen europäischer Abstammung (zumeist britischer), im südpazifischen Raum Melanesier, Mikronesier und Polynesier. Die Ureinwohner Australiens stellen heute nur einen verschwindend geringen Anteil an der Bevölkerung des Landes. Bis heute wird Australien als Einwanderungsland bezeichnet. Die Bevölkerung kommt aus über 137 Ländern. Die offizielle Landessprache ist Englisch. Von den vielen ursprünglichen Aboriginal-Sprachen sind heute noch ca. 50 erhalten geblieben."

Christine Reinke: Infoblätter Kulturerdteile / Der Australische Kulturerdteil. In: Klett-Infothek 2004/2009, März 2012, verändert

4. Kommunikation

4.1 Gestalten Sie eine Präsentation zum Thema „Das Große Barriereriff – der Regenwald des Meeres".

4.2 Buschbrände in Australien – naturbedingt oder vom Menschen verursacht? Nehmen Sie in einem Zeitungskommentar zu dieser Frage Stellung.

4.3 Entwickeln Sie jeweils die Grundzüge eines Konzeptes für die Internetauftritte eines Vier-Sterne-Hotels auf Tuvalu und einer Schaffarm mit Gasthof auf der Südinsel Neuseelands.

4.4 Gestalten Sie in einem Rollenspiel die Diskussion zwischen Vertretern der Regierungen von Tuvalu und Australien bzw. der USA über Entschädigungszahlungen für die Folgen des Klimawandels für den Inselstaat.

5. Beurteilung und Bewertung

5.1 Bewerten Sie Australiens Naturraum im Hinblick auf landwirtschaftliche und touristische Nutzungsmöglichkeiten.

5.2 Nehmen Sie Stellung zu folgender Aussage: „Australien / Ozeanien ist der am stärksten vom Klimawandel beeinträchtigte Raum der Erde, trägt aber selbst wenig zu dessen Ursachen bei."

5.3 Beurteilen Sie die zukünftigen Entwicklungschancen Australiens im Globalisierungsprozess.

TERRA **TRAINING**

Klausuren zählen zu den wichtigsten Leistungsnachweisen der gymnasialen Oberstufe. In ihrem Aufbau und im Anforderungsniveau unterscheiden sie sich kaum von den Abiturprüfungsaufgaben. Nur ihre Länge und der zu bearbeitende stoffliche Umfang sind geringer. Zur Vorbereitung auf die Abiturprüfung ist es also für Sie wichtig, das Lösen von Klausuraufgaben zu trainieren. Vor der Bearbeitung des vorliegenden Klausurbeispiels sollten Sie sich zunächst noch einmal anhand des Operatorenkataloges im hinteren inneren Buchdeckel einen Überblick über die Anforderungsbereiche und Operatoren verschaffen. Sie entsprechen in Niveau und Inhalt genau den Vorgaben für die Abiturklausur.

5.3 Eine Klausur zum Üben

Zehn Tipps zum Bearbeiten einer Klausur

1. Erfassen Sie genau, was die Aufgabe von Ihnen verlangt.
- Lesen Sie zunächst alle Arbeitsaufträge gründlich durch: Was wird gefordert? Welches Material kann welcher Aufgabe zugeordnet werden?
- Markieren Sie Schlüsselbegriffe, die Ihnen die gestellten Anforderungen erschließen.

2. Beachten Sie die Operatoren.
- Es handelt sich um Verben, die genau angeben, was von Ihnen verlangt wird.
- Sie sind Anforderungsbereichen mit ansteigendem Schwierigkeitsgrad zugeordnet.

3. Klären Sie die Lage des Untersuchungsgebietes.
- Ordnen Sie das Klausurbeispiel räumlich ein (Atlas).
- Gliedern Sie ggf. das Untersuchungsgebiet in Teilräume.

4. Strukturieren Sie die Ihnen zur Verfügung stehende Zeit.
- Nehmen Sie sich ausreichend Zeit zum Lesen der Aufgaben und Materialien.
- Legen Sie ein grobes Zeitraster fest und planen Sie ausreichend Zeit für die abschließende Durchsicht ein.

5. Bearbeiten Sie sorgfältig die vorgelegten Materialien.
- Sichten Sie das Material und ordnen Sie es den Teilaufgaben und -aspekten zu.
- Markieren Sie dabei wichtige Inhalte, Fach- und Schlüsselbegriffe auf den Materialseiten.
- Überprüfen Sie, ob geeignete Atlaskarten zur Verfügung stehen (Markierung der Seiten mit Klebezetteln).
- Analysieren Sie die Materialien und fertigen Sie eine strukturierte Ideensammlung an.

6. Formulieren Sie für Ihre Lösungen einen griffigen Einstieg.
- Es ist häufig sinnvoll, zunächst den thematischen Schwerpunkt oder die Problemstellung der Aufgabe kurz darzustellen.
- Gehen Sie dann auf die Lage des Untersuchungsraumes ein.

7. Gliedern Sie Ihre Ausführungen.
- Achten Sie darauf, inhaltliche Schwerpunkte zu setzen.
- Orientieren Sie sich dabei an den Vorgaben bzw. Gliederungen, die die Aufgabenstellung anbietet.
- Gliedern Sie Ihre Ausführungen sachlogisch. Arbeiten Sie für die bessere Verständlichkeit der Gliederung mit sinnvollen Absätze.

8. Formulieren Sie ansprechend.
- Antworten Sie in vollständigen Sätzen. Mit der Art Ihrer Satzverbindungen beweisen Sie Ihr Problemverständnis.
- Leiten Sie auch Aufzählungen mit einem Satz ein.
- Verwenden Sie die Fachsprache, das schafft Klarheit und spart viele Worte.

9. Ziehen Sie am Ende Ihrer Ausführungen ein abschließendes Fazit.
- Fassen Sie noch einmal kurz das Wesentliche zusammen.
- Begründen Sie – wenn notwendig – eine eigene Meinung bzw. Position.

10. Schauen Sie Ihre Lösungen noch einmal im Gesamten durch.
- Achten Sie hierbei vor allem auf die Lesbarkeit Ihres Textes, auf Rechtschreibung, Grammatik und sprachliche Genauigkeit.
- Überprüfen Sie Logik und Vollständigkeit Ihrer Ausführungen.

Viel Glück und Erfolg!

Material
Methode Statistiken / Texte auswerten
104113-5203

Literaturtipp
Erfolgreich Aufgaben lösen
104113-5301

Klausurbeispiel: Die Entwicklung der neuseeländischen Landwirtschaft

1 Charakterisieren Sie den Entwicklungsstand Neuseelands.

2 Erläutern Sie die Bedeutung der Landwirtschaft für Neuseeland.

3 Erörtern Sie, inwieweit Neuseeland seine Landwirtschaft immer wieder an die neuen Herausforderungen des globalen Handels anpassen muss.

Arbeitsmaterial
Atlaskarten Ihrer Wahl
M1: Quellentext Informationen des Auswärtigen Amtes Bundesrepublik Deutschland
M2: Tabelle Strukturdaten Neuseeland
M3: Materialzusammenstellung Landwirtschaft Neuseelands
M4: Quellentext Neue Strukturen der Landwirtschaft und des Nahrungsmittelsektors in Neuseeland

Der Spitzname der Bevölkerung Neuseelands „Kiwis" geht auf den im Inselstaat beheimateten flugunfähigen Vogel zurück.

1 Neuseelands Engagement

... in der pazifischen Region

„Gemeinsam mit Australien engagiert sich Neuseeland für die Entwicklung der pazifischen Region. Neuseeland ist Mitglied des Forums Pazifischer Inseln (PIF) und des Sekretariats der Pazifischen Gemeinschaft (SPC). Es konzentriert seine bilaterale Entwicklungshilfe vor allem auf den südostasiatischen und südpazifischen Raum (ca. 90 Prozent). Nachhaltige Entwicklung, Umweltschutz, die Verbesserung des Gesundheitssystems und die Entfaltung der Rechtsstaatlichkeit sind Hauptziele der neuseeländischen Entwicklungspolitik."

... für die internationalen Sicherheit

„Aus dem Grundsatz des Vorrangs des Multilateralismus zur Lösung internationaler Fragen folgt für Neuseeland, dass es sich selbst bereitwillig in den Dienst internationaler Konfliktlösungen stellen muss. Neuseeland nimmt derzeit an Friedensmissionen in insgesamt 12 Ländern teil. Das größte Engagement erfolgt in Afghanistan, in Timor Leste und auf den Salomonen."

www.auswaertiges-amt.de/DE/Aussenpolitik/Laender/Laenderinfos/Neuseeland/Aussenpolitik_node.html, März 2012

2 Strukturdaten Neuseeland

Merkmal	Einheit	Wert	Jahr
Landfläche	km²	263 310	2010
BIP zu jeweiligen Preisen	Mrd. US-$	140,5	2010
BIP zu jeweiligen Preisen, je Einwohner	US-$	32 162	2010
Bruttowertschöpfung nach Wirtschaftssektoren:			
Landwirtschaft	% des BIP	5,6	2006
Produzierendes Gewerbe	% des BIP	25	2006
Dienstleistungssektor	% des BIP	69,4	2006
Beschäftigung nach nach Wirtschaftssektoren:			
Landwirtschaft	%	7,2	2011
Produzierendes Gewerbe	%	20	2011
Dienstleistungssektor	%	72,8	2011
Bevölkerung	1 000	4 360	2010
Bevölkerungsdichte	Einwohner je km²	16,4	2009
Bevölkerung unter 15 Jahren	%	20,5	2010
Bevölkerung ab 65 Jahren	%	13,0	2010
Geburtenziffer	Geburten je Frau	2,1	2009
Lebenserwartung Männer bei Geburt	Jahre	78,4	2009
Lebenserwartung Frauen bei Geburt	Jahre	82,4	2009
Erwerbslosenquote	%	6,2	2009
Arbeitskosten im Verarbeitenden Gewerbe	US-$ pro Stunde	17,44	2009
BNE je Einwohner	US-$	28 810	2009
Landwirtschaftlich genutzte Fläche	% der Landfläche	43,2	2008
Warenausfuhr insgesamt	Mrd. US-$	30,9	2010
Wareneinfuhr insgesamt	Mrd. US-$	30,2	2010
Export: Waren und Dienstleistungen	% des BIP	28,2	2009
Primärenergieverbrauch	kg ROE* je Einwohner	4 189,7	2009

*Rohöleinheiten

TERRA TRAINING

3 Landwirtschaft Neuseelands

A Flächennutzung 2007/2008; Karte nach www.mfe.govt.nz/issues/climate/lucas/2008-landuse.html, März 2012, Diagramm nach: www.mfe.govt.nz/environmental-reporting/report-cards/land-use-environmental-snapshot/2010/index.html
B Hauptexportprodukte; nach www.stats.govt.nz/browse_for_stats/snapshots-of-nz/nz-in-profile-2012/exports.aspx, März 2012
C Betriebsgrößen; nach ebenda: .../industry_sectors/agriculture-horticulture-forestry/2007-agricultural-census-tables/farm-counts.aspx, März 2012
D Top-5 Exportziele (Anteil am Warenexport in %); nach UN Comtrade, UNCTAD
E Entwicklung Weideviehbestand (in Mio.); nach www.stats.govt.nz/browse_for_stats/snapshots-of-nz/nz-in-profile-2012/agricultural-production.aspx, März 2012

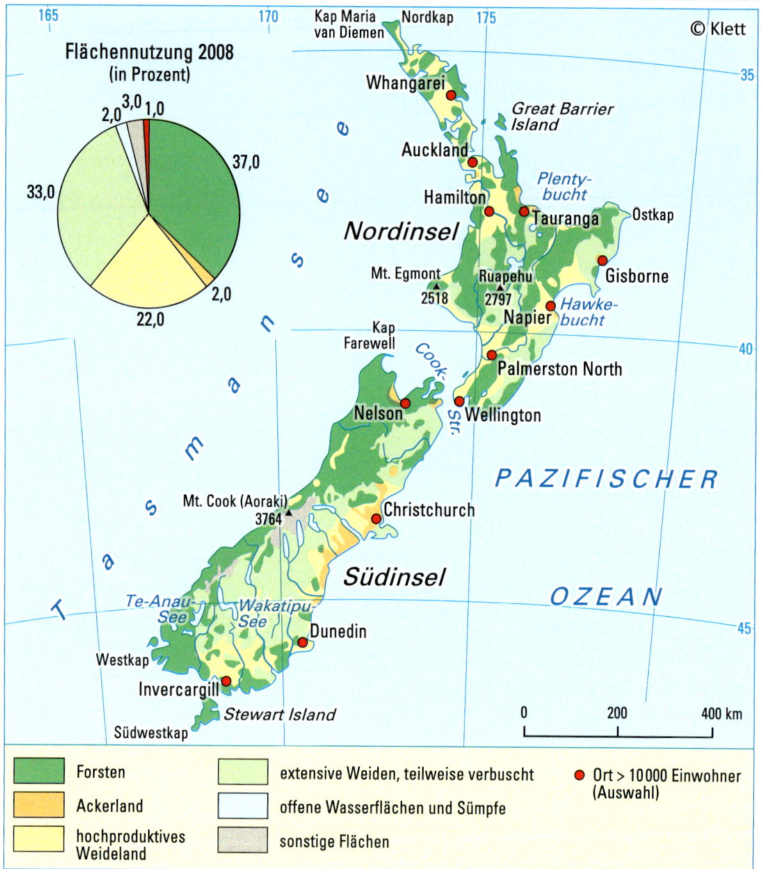

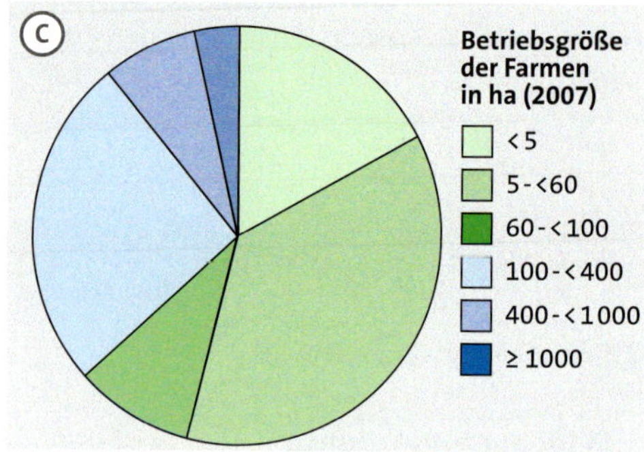

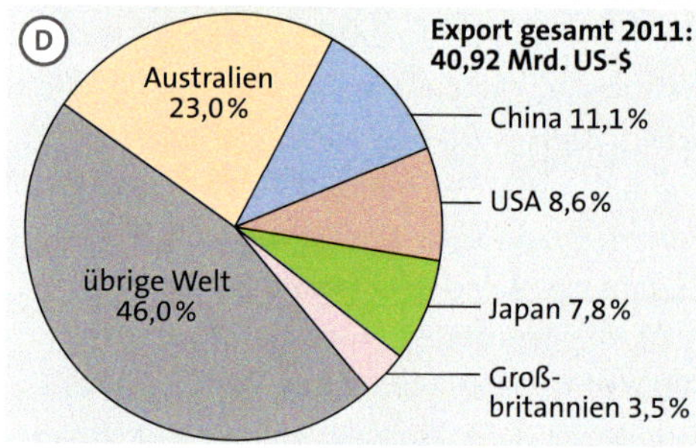

E

	2006	2010
Schafe	40,1	32,6
Milchkühe	5,2	5,9
Rinder	4,4	3,9
Wild (z. B. Hirsche)	1,6	1,1

Die **Kiwifrucht** war ursprünglich als Chinesische Stachelbeere bekannt. Im vergangenen Jahrhundert begannen neuseeländische Landwirte mit der Vermarktung der Frucht unter dem Namen Kiwi.

B

	2006		2011	
	Warenwert (Mio. NZ-$)	Anteil (%)	Warenwert (Mio. NZ-$)	Anteil (%)
Milchpulver, Butter und Käse	5,762	17,8	11,334	24,6
Fleisch und Innereien	4,500	13,9	5,398	11,7
Baumstämme, Holz und Holzartikel	1,960	6,0	3,200	6,9
Rohöl	0,513	1,6	1,997	4,3
Maschinen und technische Ausstattung	1,791	5,5	1,733	3,8
Früchte	1,161	3,6	1,487	3,2
Fische, Meeresfrüchte, Schnecken	1,146	3,6	1,382	3,0
Aluminium und Aluminiumprodukte	1,261	3,9	1,260	2,7
andere	14,336	44,1	18,281	39,8
Insgesamt	**32,430**	**100,0**	**46,072**	**100,0**

4 Neue Strukturen der Landwirtschaft und des Nahrungsmittelsektors in Neuseeland

„Ein eindrucksvolles Beispiel für den Anpassungsdruck an die weltweite Neustrukturierung des Nahrungsmittelsektors, dem bestimmte Länder ausgesetzt sind, bietet Neuseeland. Geographen wie Richard Le Heron und Guy Robinson haben beschrieben, wie sich die neuseeländische Landwirtschaft seit dem 19. Jahrhundert mit einer starken Orientierung auf den Export von Schaf- und Lammwolle auf der Grundlage ausgedehnter Weideflächen und einem garantierten Absatzmarkt in Großbritannien entwickelt hat. Nach dem Zweiten Weltkrieg entstand ein zweites Regime, das eine kleinbetrieblich strukturierte Milchwirtschaft und die Produktion von Erzeugnissen wie Butter einschloss, die in Kühlschiffen exportiert wurden. Um die Mitte des 20. Jahrhunderts nahm die neuseeländische Regierung starken Einfluss auf die Landwirtschaft, und zwar in Form von ‚marketing boards', die durch Qualitätskontrollen, Subventionen und gezielte Marketingstrategien Beziehungen zwischen Landwirten und den internationalen Märkten vermittelten.

In den 1970er-Jahren führten der Schock der Ölkrise (durch die sich landwirtschaftliche Betriebsmittel verteuerten) und der Beitritt Großbritanniens in die Europäische Gemeinschaft mit dem daraus resultierenden Verlust eines geschützten Markts zu weiteren Subventionen für Produzenten. Die Ausgaben für Betriebsmittel wie Dünger machten mehr als ein Drittel der Einnahmen eines landwirtschaftlichen Betriebs aus. Doch selbst diese staatlichen Hilfen konnten in Neuseeland die steigenden Ausgaben für Betriebsmittel und den Verlust von Absatzmärkten für die Haupterzeugnisse Wolle, Fleisch und Milch nicht ausgleichen, sodass manche Landwirte ihre Produktion diversifizierten und mit nichttraditionellen Exporterzeugnissen, wie auf Wildfarmen produziertem Rehfleisch und Früchten wie Kiwis oder Nashi-Birnen, auf das neue globale Nahrungsmittelregime mit seiner starken Präferenz für Spezialitäten und importiertes Obst und Gemüse reagierten. Ein kompletter Kurswechsel in der Agrarpolitik im Jahr 1984 beendete schlagartig fast sämtliche staatliche Maßnahmen zur Stabilisierung von Preisen, zum Schutz des Handels sowie Subventionen für Landwirtschaftsbetriebe. Außerdem mussten die Landwirte nun für Erschließungsmaßnahmen, Wasser und Qualitätsprüfungen bezahlen. Das Einkommen der Betriebe verringerte sich dadurch um bis zu 50 Prozent, die Verschuldung nahm zu, jeder zehnte landwirtschaftliche Betrieb wurde verkauft, die Herden wurden deutlich verkleinert und 10000 Landwirte protestierten vor dem Parlamentsgebäude in Auckland. Die Agrarwirtschaft Neuseelands wurde in einen globalen Markt geworfen und bekam das, was als ‚internationale Farmkrise' bezeichnet wurde, in vollem Umfang zu spüren. Andere entwickelte Staaten, darunter die Vereinigten Staaten, Kanada und europäische Länder, hielten dagegen an Subventionen und unterstützenden Regulierungen für ihre Landwirtschaftssysteme fest. Wenngleich Neuseelands Landwirte durch entsprechende Anpassung der Herdengrößen und Umstellung auf neue Kombinationen von Anbaufrüchten mit den veränderten Bedingungen ganz gut zurecht kamen, gaben doch manche auf, deren Besitz dann horizontal in größere Betriebe integriert wurde. Neuseeland war auch eines der ersten Länder, die eine Zertifizierung organisch oder biologisch erzeugter Agrarprodukte eingeführt haben, für die es auch im Inland einen kräftig wachsenden Markt gibt. Transnationale Agrobusiness-Konzerne wie H.J. Heinz übernahmen weiterverarbeitende Betriebe in Neuseeland mit dem Ziel, die wachsenden Märkte Asiens zu bedienen. Michael Moore, der in seiner Funktion als neuseeländischer Handelsminister den Sprung seines Landes in das kalte Wasser des freien Marktes massiv vorbereitet hatte, wurde später Generaldirektor der Welthandelsorganisation, zuständig für den weltweiten Abbau von Handelsschranken."

Paul L. Knox / Sallie A. Marston: Humangeographie. 4. Aufl. Heidelberg: Springer / Spektrum Akademischer Verlag, 2008, S. 550 f. (Übers.: Henriette Joseph/Peter Wittmann)

5.4 Literatur für die Schülerhand

Angeführt sind nur grundlegende Werke. Über spezielle Literatur geben die Quellenangaben zu den diversen Materialien des Buches Auskunft.

Australien

Ganzschrift

Biedermann, Bettina/Heribert Dieter (Hrsg.): Länderbericht Australien. Bonn 2012. (Bundeszentrale für politische Bildung, Schriftenreihe, Bd. 1175)

Lamping, Heinrich: Australien. Gotha und Stuttgart: Klett-Perthes 1999

Themenhefte

GEO Epoche, H. 36: Australien. Von Aborigines und Traumpfaden, von Sträflingen und Kolonisten. Die Geschichte des Fünften Kontinents. Hamburg: Gruner & Jahr 2009

GEO Special, Nr. 4: Australien. Hamburg: Gruner & Jahr 2005

Praxis Geographie, 40. Jg., H. 1: Australien. Braunschweig: Westermann 2010

Geographische Rundschau, 57. Jg., H. 5: Australien. Braunschweig: Westermann 2005

Zeitschriftenartikel

Australien. Unterrichten mit Geographie aktuell, 23. Jg., H. 4. Hallbergmoos: Aulis 2007, S. 33–36

Braun, Boris: Sydney 2000. Konzeption und stadtstrukturelle Auswirkungen der 27. Olympischen Sommerspiele. In: Geographische Rundschau, 52. Jg., H. 3. Braunschweig: Westermann 2000, S. 4–9

Grotz, Reinhold: Der Bergbauboom in Australien. Ursachen und Folgen. In: Geographische Rundschau, 61. Jg., H. 11. Braunschweig: Westermann 2009, S. 28–34

Hahn, Claus-Christian/Frank Dickmann: Renaturierung von Bauxitabbaugebieten in Australien. In: Geographische Rundschau, 53. Jg., H. 9. Braunschweig: Westermann 2001, S. 40–46

Jahn, Reinhold: Die Böden der Winterfeuchten Subtropen. In: Geographische Rundschau, 52. Jg., H. 10. Braunschweig: Westermann 2000, S. 28–33

Löffler, Ernst: Die Wüsten Australiens. In: Geographische Rundschau, 52. Jg., H. 9. Braunschweig: Westermann 2000, S. 10–16

Internet (Stand Februar 2012)

Australia.com – Tourismus: www.tourism.australia.com/en-au/

Australian Bureau of Statistics: www.abs.gov.au/

Australian Government – Statistiken: www.australia.gov.au/topics/statistics

Australian Government. Department of Agriculture, Fisheries and Forestry: **www.daff.gov.au/**

Australian Government. Department of Foreign Affairs and Trade: www.dfat.gov.au/

Australian Government. Department of Immigration and Citizenship: www.immi.gov.au/

Australian Government. Department of Sustainability, Environment, Water, Population and Communities: www.environment.gov.au/

Australien-Info.de – Fakten und Hintergrundinformationen: www.australien-info.de/fakten.html

Bundeszentrale für politische Bildung – Australien, Migration: www.bpb.de/themen/S72TEV,0,0,Australien.html

CIA World Fact Book – Australien: www.cia.gov/library/publications/the-world-factbook/geos/as.html

Statistisches Bundesamt – Länderbericht Australien 2011: www.destatis.de/jetspeed/portal/cms/Sites/destatis/Internet/DE/Content/Publikationen/Fachveroeffentlichungen/Laenderprofile/Content75/Australien,property=file.pdf(Länderbericht Australien 2011)

Reserve Bank of Australia: www.rba.gov.au/

Neuseeland

Zeitschriften / Themenhefte

GEO Special, Nr. 5: Neuseeland. Hamburg: Gruner & Jahr 2009

Zeitschriftenartikel

Albrecht, Julia: Tourismus in peripheren Regionen Neuseelands. Eine geographische Betrachtung der Catlins. In: Geographische Rundschau, 62. Jg., H. 2. Braunschweig: Westermann 2010, S. 50–55

Gertel, Jörg/Richard Le Heron: Neuseeland: Weideland zwischen Naturschutz, Exportökonomie und Lifestyle. In: Praxis Geographie, 41. Jg., H. 7–8. Braunschweig: Westermann 2011, S. 44–53

Internet (Stand Februar 2012)

Bundeszentrale für politische Bildung – Neuseeland: www.bpb.de/wissen/73XM2S,0,Neuseeland.html

CIA World Fact Book – Neuseeland: www.cia.gov/library/publications/the-world-factbook/geos/nz.html

Statistics New Zealand: www.stats.govt.nz/

Tourismus Neuseeland: www.newzealand.com/de/

5.5 Glossar

Das Glossar beinhaltet alle auf S. 83 aufgelisteten wichtigen Begriffe.

A

Aborigines: Ureinwohner Australiens, die den Kontinent vor ca. 40 000 bis 50 000 Jahren besiedelten und vorwiegend als Jäger und Sammlerinnen lebten; bestehen aus vielen Stämmen mit unterschiedlichen Sprachen und Bräuchen; starke Reduzierung nach der Ankunft weißer Siedler durch eingeschleppte Krankheiten und gewaltsame Konflikte; heute leben ca. drei Viertel der knapp 500 000 Aborigines angepasst in Städten; die traditionelle Lebensweise ist v. a. im Nordterritorium noch erhalten.
ADI → Ausländ. Direktinvestitionen
agronomische Trockengrenze: Grenze des aufgrund ausreichender Niederschläge möglichen Ackerbaus (→ Regenfeldbau); vgl. → Trockengrenze.
Aquifer: eine poröse oder mit Klüften durchsetzte Gesteinsschicht, in der Grundwasser fließen kann.
ASEAN (Association of Southeast Asian Nations): 1967 gegründete Vereinigung südostasiatischer Staaten zur Förderung wirtschaftlicher, sozialer und kultureller Zusammenarbeit; Mitglieder: Brunei (seit 1984), Indonesien, Kambodscha, Laos, Malaysia, Myanmar, Philippinen, Singapur, Thailand und Vietnam; Papua-Neuguinea und Osttimor haben Beobachterstatus; China hat einen Handelsvertrag mit der ASEAN, ist aber noch nicht offizielles Mitglied; in einigen Wirtschaftsbereichen arbeitet Australien mit.
Ausländische Direktinvestitionen (ADI, engl. Foreign Direct Investment, FDI): Kapitalanlagen im Ausland durch Erwerb von Eigentumsrechten, z. B. an Immobilien, Niederlassungen, Geschäftsanteilen, Unternehmen.

B

Backpacker (Rucksacktourist): Tourist, der lediglich das nötigste Gepäck in einem Rucksack mitführend, meist viele verschiedene Orte – oft auch ohne feste Route – bereist; bevorzugt sind möglichst preiswert Quartiere abseits der Pauschaltourismusrouten; der Kontakt zur einheimischen Bevölkerung wird gesucht; besonders beliebt bei jungen Erwachsenen aus den entwickelten westlichen Industriestaaten nach Abschluss des Abiturs oder des Studiums.
Bodendegradation: Verschlechterung der Bodenqualität durch natürliche Einflüsse und/oder menschliche Eingriffe, z. B. Bodenerosion, Auswaschung von Nährstoffen oder durch zu intensive Nutzung.

C

CO_2-Bilanz: auch CO_2-Fußabdruck, Maß für die Summe der Kohlendioxid-Emissionen, die direkt oder indirekt durch eine Aktivität oder ein Produkt verursacht werden; dient als Mittel zur Bestimmung von deren Klimaauswirkungen.

D

Datumsgrenze: international vereinbarte, gedachte Linie in der Nähe des 180. Längengrades im Pazifik, bei deren Querung das Datum wechselt; bei einer Überquerung nach Osten kommt man in den vorangegangenen Kalendertag, bei einer Überquerung nach Westen in den folgenden Kalendertag.

E

El Niño (span.): (das Christkind), periodische Strömungsumkehr der atmosphärischen und ozeanischen Zirkulation im tropischen Pazifik mit einer Dauer von mehreren Monaten; El Niño setzt unregelmäßig, im Schnitt alle 3 bis 5 Jahre, um die Weihnachtszeit ein, dauert mehrere Monate, u. U. auch bis zu einem Jahr, und bedingt Klimaanomalien in weiten Gebieten der Erde; geringe Niederschläge in Australien; → La Niña.
extensive Weidewirtschaft: weltweit verbreitete Form der Viehhaltung auf großen Flächen v. a. in niederschlagsarmen Regionen, die nicht zum Anbau von Kulturpflanzen geeignet sind; nachteilig sind der riesige Flächenbedarf, die schwierige Kontrolle und der aufwändige Schutz der Tiere; oft eng verbunden mit dem Nomadentum; z. B. Rentierhaltung der Samen, Schafzucht in Neuseeland, Rinderhaltung in der Pampa Südamerikas; Gegenteil: intensive Weidewirtschaft.

F

Fertilitätsrate (Fruchtbarkeitsrate): demographische Kennziffer, die die Zahl der Lebendgeborenen in einem Jahr, bezogen auf 1 000 Frauen im gebärfähigen Alter (15 – 45 Jahre) angibt; vgl. → Geburtenrate (Geburtenziffer).
Freihandelszone: ein durch Zusammenschluss mehrerer Länder geschaffener Wirtschaftsraum, in dem der Außenhandel der Länder untereinander nicht eingeschränkt ist; i. e. S. eine Zone, in der der Export durch besondere Vorschriften und Gesetze erleichtert wird.

G

Gartenstadt: eine geplante, mit Grünflächen durchsetzte und mit der Landschaft verbundene Stadt, die vorwiegend zur Entlastung industrieller Ballungsräume und Großstädte entworfen wurde und zur Aufnahme der vom Lande abwandernden Bevölkerung (Landflucht) dienen sollte; die Gartenstadtidee wurde zu Beginn des 19. Jh. in England propagiert und z. T. verwirklicht.
Geburtenrate (Geburtenziffer): Zahl der Lebendgeborenen pro 1 000 Einwohner innerhalb eines bestimmten Zeitraumes, meist eines Jahres; vgl. → Fertilitätsrate, → Sterberate (Sterbeziffer).

Global City: Weltstadt mit besonders starker Integration in die Weltwirtschaft; Kriterien: hohe Einwohnerzahl, internationales Finanzzentrum, Standort von Führungszentren von → Global Playern, hohe (welt-)politische Bedeutung, Sitz großer internat. Institutionen, rapider Anstieg des Dienstleitungssektors, Knotenpunkt internat. Transportnetze.
Global Player (Multinationaler Konzern/Multi, Transnationaler Konzern/TNC): Unternehmen, das weltweit wirtschaftlich tätig ist, indem es an verschiedenen Standorten in mehreren Ländern entwickelt, produziert und vermarktet; Ausrichtung der Unternehmenspolitik nach den Vor- und Nachteilen der jeweiligen Länder (z. B. Lohn- und Steuerniveau, Umweltvorschriften, Zugang zu den Märkten).
Gunst-/Ungunstraum: Raum, der aufgrund seiner naturgeographischen Faktoren, z. B. Klima, Boden, großräumige Lage und Küstenlage, für die Nutzung durch den Menschen begünstigt/benachteiligt erscheint.

H

Human Development Index (HDI, Index der menschlichen Entwicklung): seit 1990 von den Vereinten Nationen benutzter Index zur Angabe des Entwicklungsstandes eines Landes nach wirtschaftlichen und sozialen Kriterien; der HDI setzt sich zusammen aus der Lebenserwartung, dem Alphabetisierungsgrad und der realen Kaufkraft pro Kopf; nach dem HDI werden alle Mitgliedsstaaten der UN in eine Rangfolge gebracht; der höchste Wert liegt bei 1, der niedrigste bei 0; der HDI wird seit 1990 im jährlich erscheinenden Human Development Report des United Nations Development Programme (UNDP) veröffentlicht.

J

Joint Venture: Zusammenschluss von selbstständigen Unternehmen (häufig aus verschiedenen Staaten) zum Zweck der Durchführung gemeinsamer Projekte, die von einem Unternehmen allein in der Regel nicht realisiert werden können; charakteristisch für ein Joint Venture ist, dass die an der Kooperation beteiligten Partner in das Unternehmen einbringen, was ihnen in besonderer Weise zur Verfügung steht, z. B. Kapital, Know-how, preiswerte Infrastruktur oder Arbeitskräfte; ein Ziel ist es, den Zugang zu sonst geschlossenen Märkten zu erhalten.

K

Klimawandel: Sammelbegriff für die Veränderungen des Klimas auf der Erde bzw. in einem größeren Teilraum; i. e. S. versteht man darunter den anthropogen bedingten Klimawandel, d. h. den vom Menschen verursachten Anteil am globalen Klimawandel, z. B. durch Freisetzung von Stoffen und Gasen durch die Nutzung fossiler Energie (Öl, Gas und Kohle) in Form der CO_2-Anreicherung, durch die FCKW-Produktion, durch die Tierhaltung in Form von CH_4-Anreicherungen und durch das Einbringen von Partikeln und Stäuben im Zusammenhang mit industriellen Aktivitäten oder dem Verkehr.
Korallen: in den tropischen Meeren lebende, festsitzende und kolonienbildende Nesseltiere; die Kalkskelette der Steinkorallen haben den größten Anteil an der Bildung von Korallenriffs und -bänken, die u. a. durch globale Erwärmung, Umweltverschmutzung und Tiefseefischerei zunehmend gefährdet sind.
Kulturerdteil: Raum subkontinentalen Ausmaßes, der sich von den Nachbarräumen dadurch abgrenzt, dass sich in Anpassung an die naturräuml. Grundlagen eigenständige Wirtschaftssysteme und -strukturen entwickelt haben und der raumtypische Formen des Zusammenlebens sowie raumprägende Gesellschaftsordnungen aufweist und durch gemeinsame geistige Grundlagen (Religionen, Ideologien) gekennzeichnet ist.

L

La Niña (span.): (das Mädchen), meist im Anschluss an → El Niño entgegengesetztes Wetterphänomen mit überdurchschnittl. hohen Luftdruckunterschieden zwischen Südamerika und Indonesien, stärkeren Passatwinden u. verstärkter, aber abgekühlter äquatorialer Zirkulation; hohe Niederschläge in Australien.

M

Meeresspiegelanstieg: seit Mitte des 19. Jh. zu beobachtender deutlicher und zunehmender weltweiter Anstieg des Meeresspiegels wahrscheinlich infolge der globalen Erwärmung (im 20. Jh. ca. um 17 cm); führt u. a. zu verstärkter Küstenerosion, erhöhten Flut- und Sturmschäden, Überschwemmungen, erhöhtem Grundwasserspiegel mit Gefahr der Grundwasserversalzung und zur Gefährdung tief gelegener Inseln und Küstenbereiche.
Migration (Wanderung): Teilprozess der Mobilität, nach der amtlichen deutschen Statistik jeder Wechsel des Wohnsitzes, bei dem die Gemeindegrenze überschritten wird; zu unterscheiden sind Binnenwanderung (Wohnsitzwechsel innerhalb eines Landes) und Außenwanderung (Wohnsitzwechsel über die Staatsgrenze hinweg); i. w. S. Wanderbewegungen größerer Bevölkerungsgruppen, ausgelöst z. B. durch Krieg und existenzielle Not.
Monokultur: landwirtschaftliche Nutzungsform, bei der über mehrere Jahre dieselbe Kulturpflanze angebaut wird.

O

Outback: Bezeichnung für Regionen unterschiedlicher Landschaftsformationen und Klimazonen in Australien

außerhalb der Zivilisation; nehmen in Australien fast drei Viertel des Kontinents ein, v. a. im Nordterritorium, in Westaustralien, Teilen von Queensland, Neusüdwales und Südaustralien.
Ozonloch: über den Polarregionen auftretende Lücke wechselnder Größe in der das Leben vor der schädlichen UV-Strahlung schützenden stratosphärischen Ozonschicht.

P

Pangäa: von altgriech. pan = ganz, gesamt und gaia = Erde, Land; auf Alfred Wegener zurückgehende Bezeichnung für den letzten globalen Superkontinent der Erdgeschichte, eine vom Karbon bis zur Jura (vor ca. 300–150 Mio. Jahren) zusammenhängende Landmasse.
Plattentektonik: geowissenschaftliche Theorie über den Krustenbau der Erde sowie die Entwicklung der Kontinente und Ozeane; der Plattentektonik zufolge besteht die Erdkruste aus Platten, die sich auf dem oberen zähflüssigen Teil des Erdmantels verschieben.
Pull-Faktoren: Gründe, die für die Bevölkerung oder Wirtschaft anziehend wirken und damit eine Wanderbewegung auslösen; i. e. S. die Anziehungskraft der großen Städte in den Entwicklungsländern auf die Bevölkerung in den ländlichen Räumen; Gegenteil: → Push-Faktoren.
Push-Faktoren: Gründe, die die Bevölkerung oder die Wirtschaft zum Abwandern bewegen, vor allem die unzureichenden Lebensumstände und Einkommensmöglichkeiten in den ländlichen Räumen der Entwicklungsländer; Gegenteil: → Pull-Faktoren.

R

Raumanalyse: geographische Untersuchung eines abgrenzten Raumes unter einer bestimmten Fragestellung.
Regenfeldbau: Ackerbau, bei dem der Wasserbedarf der Nutzpflanzen ausschließlich durch Niederschläge gedeckt wird; häufig fälschlicherweise als „Trockenfeldbau“ bezeichnet; Gegenteil: → Bewässerungsfeldbau.
Reserven: die mengen- und qualitätsmäßig bekannten Rohstoffvorkommen, deren Abbau unter aktuellen technischen und ökonomischen Bedingungen mit Gewinn möglich ist.
Ressourcen: die natürlichen Produktionsmittel für die Wirtschaft, also → Rohstoffe, Wasser, Energie usw.; i. e. S. die Rohstoffvorkommen, die zusätzlich zu den → Reserven weitgehend bekannt, aber noch nicht abbauwürdig sind.
Riff: langgestreckte, schmale Erhebung auf dem Boden eines Gewässers, die tief unter der Wasseroberfläche liegt, bis an sie heranreicht oder über sie hinausreichen kann, man unterscheidet z. B. Felsenriff (Klippe), Sandriff (Sandbank), Korallenriff (z. B. Großes Barriereriff), künstliches Riff.
Rohstoffe: Teil der → Ressourcen, die in der Natur vorkommen und die vom Menschen verwendet werden, um Gebrauchsgegenstände sowie Konsumgüter herzustellen oder Energie zu gewinnen; nach ihrer Herkunft bzw. Entstehung unterscheidet man mineralische (bergbauliche), pflanzliche und tierische Rohstoffe; mineralische Rohstoffe werden auch Bodenschätze genannt; man unterscheidet auch zwischen Energieträgern (z. B. Kohle, Erdöl) und Nichtenergieträgern (z. B. Metall, Erz, Steine).

S

Sterberate (Sterbeziffer): Zahl der Sterbefälle pro 1 000 Einwohner während eines bestimmten Zeitraumes, meist eines Jahres; vgl. → Geburtenrate (Geburtenziffer), → Fertilitätsrate.
SWOT-Analyse (Stärken-Schwächen-Analyse): von engl. S: Strengths = Stärken, W: Weaknesses = Schwächen, O: Opportunities = Chancen, T: Threats = Risiken; ursprüngl. Instrument des strategischen Managements; Methode zur Untersuchung von Sachverhalten und Prozessen mit dem Ziel der Analyse des Ist-Zustandes und seiner Weiterentwicklung einschl. von Lösungsalternativen.

T

Tagebau: oberflächig offene Abbauform von Bodenschätzen, die in geringer Teufe lagern; in Deutschland sind dies z. B. Braunkohle, Tone, Kiese und Sande.
Trockengrenze: Grenze zwischen Gebieten mit humidem und aridem Klima, also zwischen Gebieten mit Niederschlagsüberschuss und Niederschlagsdefizit; als → agronomische Trockengrenze wird i. e. S. die Grenze bezeichnet, bis zu der Anbau ohne künstliche Bewässerung, also → Regenfeldbau möglich ist.

U

Ungunstraum → Gunstraum

V

Verstädterung (Urbanisierung):
1. Wachstum der Städte eines Landes hinsichtlich ihrer Einwohnerzahl und/oder Fläche;
2. Vermehrung der städtischen Siedlungen eines Landes;
3. Wachsen des Anteils der Menschen, die in Städten leben, an der Gesamtbevölkerung eines Landes.

W

Willy Willy: traditioneller australischer Begriff für einen kleinen tropischen Wirbelsturm im südöstlichen Indischen Ozean, der meist zwischen Exmouth und Broome auf die australische Nordwestküste trifft; wird in der Klimatologie allgemein als Zyklon bezeichnet.
WTO (World Trade Organization): Welthandelsorganisation; in der Uruguay-Runde des GATT beschlossen und zum 01.01.1995 errichtet, mit dem Ziel, die wirtschaftliche Lage der beteiligten Länder durch Schaffung der Rahmenbedingungen für einen fairen, liberalen Welthandel zu verbessern.

5.6 Sachregister

Bildnachweis

Cover Avenue Images GmbH (Guido Alberto Rossi), Hamburg; **4.1** Corbis (Alexander Burkatovski), Düsseldorf; **4.2** Klett-Archiv, Stuttgart; **5.4** www.CartoonStock.com (Jorodo), Bath; **10.1** Corbis (Alexander Burkatovski), Düsseldorf; **10.2** Corbis (Robert Harding World Imagery), Düsseldorf; **11.3** Getty Images (Danita Delimont), München; **12.7** Picture-Alliance (HB Verlag), Frankfurt; **13.12** shutterstock (Byelikova Oksana), New York, NY; **14.1** Klett-Archiv, Stuttgart; **16.4.2** Avenue Images GmbH (Paul A. Souders), Hamburg; **17.4.3** Avenue Images GmbH, Hamburg; **17.4.4** Klett-Archiv (Jens Joachim, Leipzig), Stuttgart; **17.4.5** Avenue Images GmbH (RF), Hamburg; **19.7** Getty Images (NASA), München; **20.8** NASA (PD – Earth Observatory), Washington, D.C.; **21.10** Latif, Prof. Dr. Mojib, Kiel; **21.12** iStockphoto (iTobi), Calgary, Alberta; **21.12** Getty Images (Glenn Campbell/The Sydney Morning Herald/Fairfax Media), München; **22.14** Picture-Alliance (dpa), Frankfurt; **22.15** Rother, Schwäbisch Gmünd; **23.16** Fotosearch Stock Photography (Digital Vision), Waukesha, WI; **23.18** iStockphoto (Ralf Hettler), Calgary, Alberta; **24.19** Picture-Alliance (dpa/EPA/JAMES KING/AUSTRALIAN MUSEUM), Frankfurt; **24.20** Wikimedia Deutschland (Schutz – CC-BY-SA-3), Berlin; **24.20** shutterstock (Wouter Tolenaars), New York, NY; **25.21** Picture-Alliance (epa/Northern Territory Government), Frankfurt; **26.25** shutterstock (Debra James), New York, NY; **27.27** MEV Verlag GmbH, Augsburg; **27.29** Fotolia.com (lisajakab), New York; **29.35** Thinkstock (Hemera), München; **32.45** Moir, Alan, Sydney; **32.46** images.de digital photo GmbH (Global Warming Images), Berlin; **33.49** Getty Images (National Geographic), München; **34.53** Argus (Peter Frischmuth), Hamburg; **34.RS** Australia Post, Melbourne; **36** Layton, Prof. Robert H., Durham; **36.58** iStockphoto (Nico Smit), Calgary, Alberta; **37.62** Cartoon by Nicholson from The Australian www.nicholsoncartoons.com.au; **38.63** Lynas Corporation LTD, Australia; **38.66** F.A.Z.-Grafik Kaiser; **40.72** shutterstock (John Carnemolla), New York, NY; **44.87** www.CartoonStock.com (McGookin, Malcolm), Bath; **47.96** www.CartoonStock.com (Grosz, Chris), Bath; **50.106** Hennig, Benjamin D., www.viewsoftheworld.net, Sheffield; **51.109** nach John Friedmann: The World City Hypothesis. In: Development and Change 17 (1986), S. 69 – 83; **52.111** Getty Images (Hulton Archive), München; **52.113** Wikimedia Deutschland (pd), Berlin; **53.114** Avenue Images GmbH (Corbis GmbH, DüsseldorfCarnemolla), Hamburg; **54.116** Ullstein Bild GmbH (TopFoto), Berlin; **55.120** Hennig, Benjamin D., www.viewsoftheworld.net, Sheffield; **58.5** Getty Images (Marty Melville/AFP), München; **59.9** USGS, Reston, VA; **60** Fotosearch Stock Photography (Digital Vision), Waukesha, WI; **60.12 B** MEV Verlag GmbH, Augsburg; **60.12C** Getty Images (Sally Nicol Rigney/AFP), München; **60.12D** Ullstein Bild GmbH (imagebroker.net/Helmut Corneli), Berlin; **62.16** Getty Images (Torsten Blackwood/AFP), München; **64.21** ddp images GmbH (AP Photo/Central Australian Camel Industry Association, HO), Hamburg; **65.26** Stebler, Dr. Oliver, Nänikon; **65.27** NASA Ozone Watch; **70.39** NMA – National Museum of Australia, Canberra; **72.45.1** Picture-Alliance (Bildagentur Huber), Frankfurt; **72.45.2** Clean Green Images (Gilbert van Reenen), Wanaka; **72.45.3** Imago (Imagebroker), Berlin; **72.45.4** Fotolia.com (Mickael Irles), New York; **72.45.5** Fotosearch Stock Photography (Brand X Pictures), Waukesha, WI; **72.45.6** iStockphoto (John Simmons), Calgary, Alberta; **72.45.7** Imago, Berlin; **75.53** Courtesy of Voyages Hotels & Resorts, Ayers Rock Resort; **77.62** vario images GmbH & Co.KG (RHPL), Bonn; **78.2** www.CartoonStock.com (Jorodo), Bath; **78.1 m.l.** Fotolia.com (Natalia Lysenko), New York; **78.1 m.o.** Fotolia.com (Frederic), New York; **78.1 m.r.** Fotolia.com (Atikasa), New York; **78.1 mitte** Fotolia.com (Rafael Ben-Ari), New York; **78.1 o.l.** Fotolia.com (Alexander Rochau), New York; **78.1 o.r.** Fotolia.com (Delphimages), New York; **78.1 u.r.** Fotolia.com (Achim Thomae), New York; **78.1 u.l.** Fotolia.com (Wildkatka), New York; **79.5** ddp images GmbH (AP/Kyodo News), Hamburg; **80.7** Interfoto (Bazmark Films/Ronald Grant Archive/Mary Evans), München; **82** Klett-Archiv, Stuttgart

Sollte es in einem Einzelfall nicht gelungen sein, den korrekten Rechteinhaber ausfindig zu machen, so werden berechtigte Ansprüche selbstverständlich im Rahmen der üblichen Regelungen abgegolten.

Anforderungsbereiche und Operatoren

Schriftliches Abitur und mündliche Prüfungen

Nach einer Vereinbarung der Kultusminister sollen die Prüfungsanforderungen im Abitur in allen Bundesländern vergleichbar sein. Entscheidend für die Vergleichbarkeit der Anforderungen ist die Konstruktion der Prüfungsaufgaben. Diese sollen so abgefasst sein, dass sich die Leistungen der Prüflinge möglichst differenziert erfassen lassen. Dazu werden drei Anforderungsbereiche unterschieden, denen Operatoren zugeordnet sind.

Um den verschiedenen Anforderungsbereichen gerecht zu werden, aber auch um den Prüflingen das Verständnis für die Aufgabenstellung zu erleichtern, sind den Anforderungsbereichen sogenannte Operatoren zugeordnet. Sie sind als Verben formuliert (z.B. beschreiben, erläutern, beurteilen) und geben an, was der Prüfling konkret tun soll.

Diese Übersicht bietet Ihnen eine Hilfe zum Verständnis sowohl der Anforderungsbereiche als auch der Aufgabenstellungen in allen Klausuren der Oberstufe bis hin zu den Abiturklausuren sowie in der mündlichen Abiturprüfung. Die Operatoren wurden bewusst bereits in den meisten Aufgaben zu den einzelnen Kapiteln dieses Buches verwendet, damit Sie den Umgang mit ihnen trainieren können. Sie decken aber nicht alle Aufgabentypen eines Schulbuches ab, da dieses nicht eine primäre Abfrage- bzw. Prüfungsfunktion hat, sondern auch andere, weitergehende Ziele verfolgt.

Anforderungsbereiche	Erläuterungen – Beispiele
Anforderungsbereich I Reproduktionsleistungen umfassen das Wiedergeben und Darstellen von fachspezifischen Sachverhalten aus einem begrenzten Gebiet und im gelernten Zusammenhang sowie die Verwendung gelernter und geübter Arbeitstechniken und Methoden.	– Wiedergeben von grundlegendem Fachwissen unter Verwendung der Fachterminologie – Bestimmen der Art des Materials – Entnehmen von Informationen aus unterschiedlichen Materialien – Benennen und Anwenden von Arbeitstechniken und Methoden
Anforderungsbereich II Reorganisations- und Transferleistungen umfassen das selbstständige Bearbeiten, Ordnen und Erklären bekannter Sachverhalte sowie das angemessene Anwenden gelernter Inhalte und Methoden.	– Erklären kategorialer, struktureller und zeitlicher Zusammenhänge – sinnvolles Verknüpfen und Einordnen unterschiedlicher (z.B. politischer, ökonomischer, soziologischer, historischer, raumspezifischer) Sachverhalte – Unterscheiden zwischen Sach- und Werturteil
Anforderungsbereich III Leistungen der Reflexion und Problemlösung umfassen den reflexiven Umgang mit neuen Problemstellungen, den eingesetzten Methoden und gewonnenen Erkenntnissen, um zu Begründungen, Folgerungen, Beurteilungen und Handlungsoptionen zu gelangen.	– selbstständiges Erörtern unterschiedlicher Sachverhalte – Entfalten einer strukturierten, multiperspektivischen und problemorientierten Fragestellung – Reflektieren der eigenen Urteilsbildung – problemorientiertes Umsetzen von Kenntnissen und Erkenntnissen in gestaltender Form